中国电子教育学会高教分会推荐

应用型本科高校系列教材

MS Office 高级应用

主　编　陈其鑫　孙思模

副主编　李海石　舒　煜

　　　　葛　娅　刘大珍

西安电子科技大学出版社

内 容 简 介

本书以 MS Office 2010 为基础，基本覆盖全国计算机等级考试二级考试大纲，同时结合应用型大学(独立学院)对本科教学的实际要求，着重提高学生的实际动手能力和高级办公自动化水平。

全书分为 14 章，第 1 章介绍 Office 2010 的安装、高效办公设置及自定义功能等内容，第 2 章和第 3 章介绍 Word 文档的基本设置和操作，以及文档的编辑和美化，第 4 章和第 5 章主要介绍文档的美化和丰富、文档的编辑与管理，第 6 章介绍 Word 的视图及多窗口操作、邮件合并和图文素材分析，第 7 章和第 8 章主要介绍 Excel 的基本操作和应用，第 9 章和第 10 章主要介绍 Excel 公式和函数、数据分析与处理，第 11 章和第 12 章主要讲述演示文稿的创建及幻灯片的基本操作等，第 13 章和 14 章介绍演示文稿的交互和优化，以及幻灯片的放映和共享设置等内容。

本书既可作为各类应用型高等院校的教学用书，也可作为全国计算机等级考试二级——MS Office 高级应用的培训教材。

图书在版编目(CIP)数据

MS Office 高级应用/陈其鑫，孙思模主编. —西安：西安电子科技大学出版社，2017.8(2019.11 重印)
ISBN 978-7-5606-4641-1

Ⅰ. ① M… Ⅱ. ① 陈… ② 孙… Ⅲ. ① 办公自动化—应用软件 Ⅳ. ① TP317.1

中国版本图书馆 CIP 数据核字(2017)第 200118 号

策　　划　毛红兵
责任编辑　刘玉芳　毛红兵
出版发行　西安电子科技大学出版社(西安市太白南路 2 号)
电　　话　(029)88242885　88201467　　邮　　编　710071
网　　址　www.xduph.com　　　　电子邮箱　xdupfxb001@163.com
经　　销　新华书店
印刷单位　陕西天意印务有限责任公司
版　　次　2017 年 8 月第 1 版　　2019 年 11 月第 6 次印刷
开　　本　787 毫米×1092 毫米　1/16　印　张　15.25
字　　数　364 千字
印　　数　12 501～16 500 册
定　　价　45.00 元

ISBN 978-7-5606-4641-1/TP

XDUP 4933001-6

如有印装问题可调换

序

2015 年 5 月教育部、国家发展改革委、财政部"关于引导部分地方普通本科高校向应用型转变的指导意见"指出：当前，我国已经建成了世界上最大规模的高等教育体系，为现代化建设作出了巨大贡献。但随着经济发展进入新常态，人才供给与需求关系深刻变化，面对经济结构深刻调整、产业升级加快步伐、社会文化建设不断推进，特别是创新驱动发展战略的实施，高等教育结构性矛盾更加突出，同质化倾向严重，毕业生就业难和就业质量低的问题仍未有效缓解，生产服务一线紧缺的应用型、复合型、创新型人才培养机制尚未完全建立，人才培养结构和质量尚不适应经济结构调整和产业升级的要求。

因此，完善以提高实践能力为引领的人才培养流程，率先应用"卓越计划"的改革成果，建立产教融合、协同育人的人才培养模式，实现专业链与产业链、课程内容与职业标准、教学过程与生产过程对接。建立与产业发展、技术进步相适应的课程体系，与出版社、出版集团合作研发课程教材，建设一批应用型示范课程和教材，已经成了目前发展转型过程中本科高校教育教学改革的当务之急。

长期以来，本科高校虽然区分为学术研究型、教学型、应用型又或者一本、二本、三本等类别，但是在教学安排、教材内容上都遵循统一模式，并无自己的特点，特别是独立学院"寄生"在母体学校内部，其人才培养模式、课程设置、教材选用，甚至教育教学方式都是母体学校的"翻版"，完全没有自己的独立性，导致独立学院的学生几乎千篇一律地承袭着二本或一本的衣钵。不难想象，当教师们拿着同样的教案面对着一本或二本或三本不同层次的学生，在这种情况下又怎么能够培养出不同类型的人才呢？高等学校的同质性问题又该如何破解？

本科高校尤其是地方高校和独立学院创办之初的目的是要扩大高等教育办学资源，运用自己新型运行机制，开设社会急需热门专业，培养应用型人才，为扩大高等教育规模，提高高等教育毛入学率添彩增辉，而今，这个目标依然不能动摇。特别是，适应我国新形势下本科院校转型之需要，更应该办出自己的特色和优势，即，既不同于学术研究型、教学型高校，又有别于高职高专类院校的人才培养定位，应用型本科高校应该走自己的特色之路，在人才培养模式、专业设置、教师队伍建设、课程改革等方面有所作为、有所不为，经过贵州省部分地方学院、独立学院院长联席会多次反复讨论研究，我们决定从教材编写着手，探索建立适应于应用型本科院校的教材体系，因此，才有了这套"应用型本科高校系列教材"。

本套教材具有以下一些特点：

一是协同性。这套教材由地方学院、独立学院院长们牵头；各学院具有副教授职称以上的教师作为主编；企业的专业人士、专业教师共同参编；出版社、图书发行公司参与教材选题的定位，可以说，本套教材真正体现了协同创新的特点。

二是应用性。本套教材编写突破了多年来地方学院、独立学院的教材选用几乎一直同一本或母体学校同专业教材的体系结构完全一致的现象，完全按照应用型本科高校培养人才模式的要求进行编写，既废除了庞大复杂的概念阐述和晦涩难懂的理论推演，又深入浅出地进行了情境描述和案例剖析，使实际应用贯穿始终。

三是开放性。以遵循充分调动学生自主学习的兴趣为契机，把生活中，社会上常见的现象、行为、规律和中国传统的文化习惯串联起来，改变了传统教材追求"高、大、全"、面面俱到，或是一副"板着脸训人"的高高在上的编写方式，而是用最真实、最符合新时代青年学生的话语方式去组织文字，以改革开放的心态面对错综复杂的社会和价值观等问题，促进学生进行开放式思考。

四是时代性。这个时代已经是互联网＋的大数据时代，教材编写适宜短小精悍、活泼生动，因此，这些教材充分体现了互联网＋的精神，或提出问题、或给出结论、或描述过程，主要的目的是让学生通过教材的提示自己去探索社会规律、自然规律、生活经历、历史变迁的活动轨迹，从而，提升他们抵抗风险的能力，增强他们适应社会、驾驭机会、迎接挑战的本领。

我们深知，探索、实践、运作一套系列教材的工作是一项旷日持久的浩大工程，且不说本科学院在推进向应用型转变发展过程中日积月累的诸多欠账一时难还，单看当前教育教学面临的种种困难局面，我们都心有余悸。探索科学的道路总不是平坦的，充满着艰辛坎坷，我们无所畏惧，我们勇往直前，我们用心灵和智慧去实现跨越，也只有这样行动起来才无愧于这个伟大的时代所赋予的历史使命。由于时间仓促，这套系列教材会有不尽人意之处，不妥之处在所难免，还期盼同行的专家、学者批评斧正。

"众里寻他千百度，蓦然回首，那人却在，灯火阑珊处。"初衷如此，结果如此，希望如此，是为序言。

应用型本科高校系列教材委员会
2017 年 5 月

应用型本科高校系列教材编委会

前　言

2015 年 5 月，教育部、国家发展改革委员会、财政部联合发布"关于引导部分地方普通本科高校向应用型转变的指导意见"，该意见指出：当前，我国已经建成了世界上最大规模的高等教育体系，但随着经济发展进入新常态，人才培养结构和质量尚不适应经济结构调整和产业升级的要求。因此，部分地方院校(含独立学院)开始向应用型转变，与之对应的教学体系、教材也应该随之改变。

作为高校基础教育中的计算机基础能力教育，一直致力于培养学生计算机的基本操作和使用能力。计算机基础教育的相关教材很多，但适合应用型大学的计算机基础类教材，特别是专为致力于转型为应用型的地方院校或独立学院编写的计算机基础类教材却相对缺乏。

本书的编者全部来自于独立学院从事计算机应用能力教学的一线教学工作者，在教学过程中发现现有的教材不适应学校在转型过程中对学生计算机基础能力的培养，特别是高级办公自动化能力掌握的要求，于是在进行教学改革的同时，将编写一本适用于应用型本科、独立学院的高级办公自动化教材提上了日程。经过近两年的教学实践以及不断的探索和改进，本书终于编写完成。

本书由陈其鑫、孙思模任主编，李海石、舒煜、葛娅、刘大珍任副主编，参加编写工作的还有李政敏、唐静、金伟、杜春等。周游院长和曾昌良处长及邹彪主任对本书的编写提出了许多宝贵的意见，在此一并致谢！

由于本书涉及的知识面广，又是在教学改革中逐步完成的，不足之处在所难免。为便于教学改革的深入推行和以后教材的修订，恳请专家、教师及读者多提宝贵意见。

编　者
2017 年 5 月

目　　录

第 3 篇　Excel 篇

第 4 篇　PowerPoint 篇

 基础知识篇

第1章　快速上手——Office 2010 的安装与设置

　　计算机是能按照人的要求接收和存储信息，自动进行数据处理和计算，并输出结果信息的机器系统。计算机是一门科学，也是一种能自动、高速、精确地对信息进行存储、传送与加工处理的电子工具。Office 办公工具作为高效、快捷的办公软件，在实际工作中也带来了很多便利，因此越来越受到人们的青睐。

1.1　Office 2010 的安装与卸载

1. Office 2010 的安装

　　(1) 下载 Office 2010。微软先后推出了 Microsoft Office 2003、2007、2010、2013 等多个版本。本书使用的是 Office 2010，请读者自行到微软官网 www.microsoft.com 下载。

　　(2) 安装 Office 2010。打开下载好的 Office 2010 安装文件目录，并双击 setup.exe 文件，如图 1-1 和图 1-2 所示。

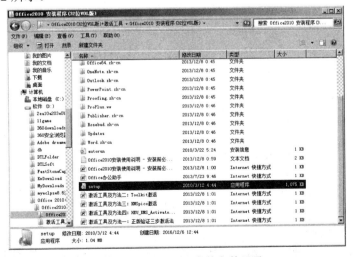

图 1-1　Office 2010 安装文件目录

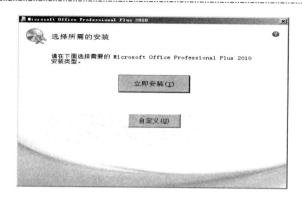

图 1-2　选择所需的安装

此处以默认安装为例进行讲解，所以在图 1-2 中选择"立即安装"，然后出现如图 1-3 所示界面。

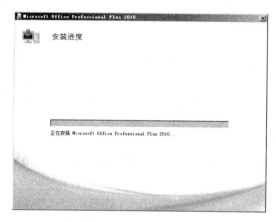

图 1-3　安装进度界面

安装进度结束后，出现提示安装成功的界面，点击"关闭"按钮，完成安装，如图 1-4 所示。

图 1-4　安装成功

2. Office 2010 的卸载

(1) 点击桌面左下角的"开始"按钮，找到"控制面板"选项，如图 1-5 所示。

图 1-5 开始菜单中的控制面板

(2) 点击"控制面板"选项，进入到控制面板窗口，如图 1-6 所示。

图 1-6 控制面板窗口

(3) 选择"程序和功能"选项，进入到程序和功能窗口，如图 1-7 所示。

图 1-7 程序和功能窗口

（4）找到"Microsoft Office Professional Plus 2010"这一项，用右键单击，选择"卸载"，具体操作如图 1-8 所示。

图 1-8　卸载 Microsoft Office Professional Plus 2010

（5）弹出确认卸载的提示框，如图 1-9 所示。单击"是"按钮，弹出卸载进度窗口，如图 1-10 所示。

图 1-9　确认卸载的提示框

图 1-10　卸载进度窗口

(6) 卸载完成后,出现卸载成功提示窗口,如图 1-11 所示。然后选择"是",重启电脑,如图 1-12 所示。

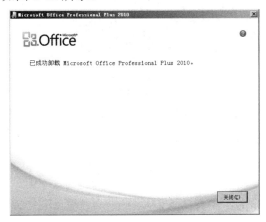

图 1-11 卸载成功提示窗口

图 1-12 重启电脑提示窗口

1.2 Office 2010 的启动与退出

本节以如何启动和退出 Word 2010 为例介绍 Office 2010 的启动和退出,这是使用 Word 2010 编辑文档的前提条件。

1. Office 2010 的启动

单击任务栏中的"开始"按钮,在弹出的"开始"菜单中选择"所有程序"→"Microsoft Office"→"Microsoft Word 2010"选项,就可以启动 Word 2010 了,如图 1-13 所示。启动 Excel 2010 和 PowerPoint 2010 的方法与此相同。

图 1-13 启动 Microsoft Word 2010

启动 Word 2010 后的界面如图 1-14 所示。

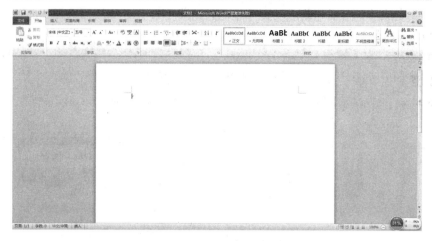

图 1-14   Microsoft Word 2010 启动之后的界面

2. Office 2010 的退出

完成对文档的编辑处理后可退出 Word 文档。

方法一：右击文档标题栏，在弹出的控制菜单中选择"关闭"命令，如图 1-15 所示。

图 1-15   "关闭"命令

方法二：选择菜单栏中的"文件"，然后选择"退出"命令，如图 1-16 所示。

图 1-16   "退出"命令

1.3   随时随地办公的秘诀——Microsoft 账户

1. Microsoft 账号

"Microsoft 账户"是以前"Windows Live ID"的新名称，是用于登录 Hotmail、

OneDrive、Windows Phone 或 Xbox LIVE 等服务的电子邮件地址和密码的组合。如果用户使用电子邮件地址和密码登录这些或其他服务，说明用户已经有了 Microsoft 账户，不过也可以随时注册新账户，也可以使用 Microsoft 账户登录所有运行 Windows 8 的电脑。

2．登录和注册

1) 如何登录 Microsoft 账户

Microsoft 账户是用户使用的邮件地址，与密码同时使用可登录到任何 Microsoft 程序或服务，如 Outlook.com、Hotmail、Messenger、SkyDrive、Xbox LIVE 或 Office Live。

2) 如何注册 Microsoft 账户

进入 Microsoft 账户注册网页。要使用自己的邮件地址作为 Microsoft 账户，请输入该地址。如果用户的电子邮件提供商支持 POP3，用户甚至还可以在 Hotmail 或 Outlook.com 中管理旧地址。

要获取 Hotmail 收件箱，单击"立即注册"按钮，然后为你的 Microsoft 账户创建新的邮件地址。填写完其他信息，然后阅读 Microsoft 服务协议和隐私声明，如果你同意这些条款，单击"我接受"。按默认顺序和设置操作后，即完成了注册。

3．个人资料

个人资料包含你要与好友分享的个人和工作信息。例如，你可以分享联系信息，包括家和办公室的邮件地址、电话号码和街道地址，你也可以将 Facebook、LinkedIn、flickr 和 Twitter 等服务连接到你的个人资料。

1.4 提高办公效率——修改默认设置

1．自定义功能区

(1) 打开 Microsoft Word 软件后，点击左上角的"文件"(如图 1-17 所示)，选择文件菜单中的"选项"，如图 1-18 所示。

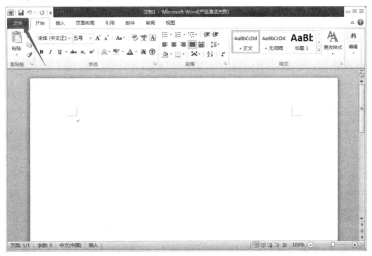

图 1-17 打开一个 Word 文档

图 1-18 选择文件菜单中的"选项"

(2) 进入"Word 选项"对话框后，点击"自定义功能区"，如图 1-19 所示。

图 1-19 "Word 选项"对话框

(3) 点击"新建选项卡"按钮(见图 1-20)，在新建组下选择"重命名"，如图 1-21 所示。

图 1-20　点击"新建选项卡"按钮

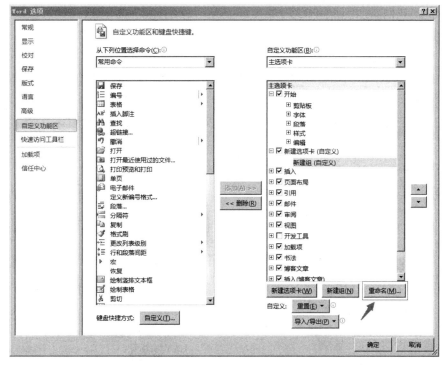

图 1-21　点击"重命名"按钮

(4) 输入名称，选择符号，点击"确定"按钮，如图 1-22 所示。

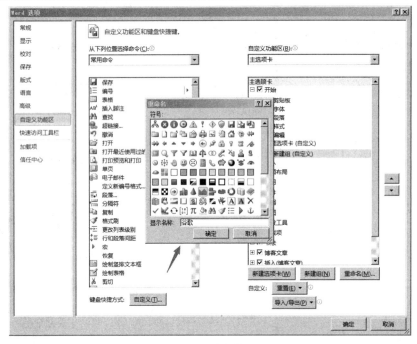

图 1-22　选择符号

(5)"添加"成功后,点击"确定"按钮回到"Word 选项"界面,就可以在"新建选项卡"中找到我们添加的常用命令。

如单击"超链接",点击"添加"按钮,如图 1-23 所示,然后单击"确定"按钮,见图 1-24,即将"超链接"添加入常用命令了,如图 1-25 所示。

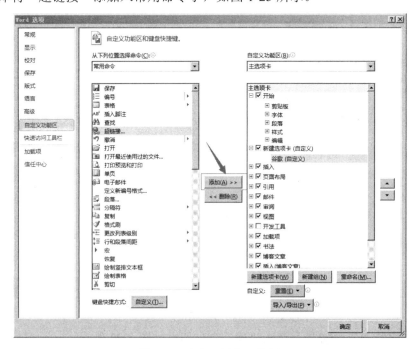

图 1-23　点击"添加"按钮

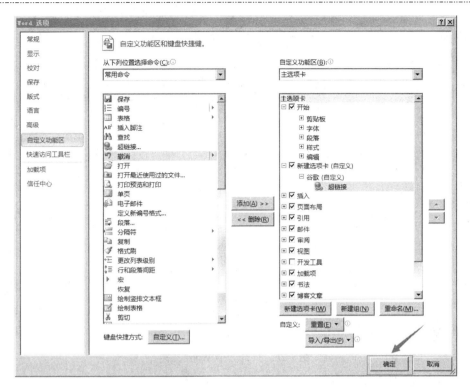

图 1-24　点击"确定"按钮

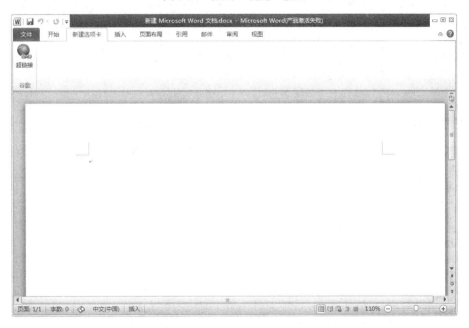

图 1-25　添加成功"超链接"

2. 设置文件的保存

(1) 首先打开一个 Word 文档，如图 1-26 所示。

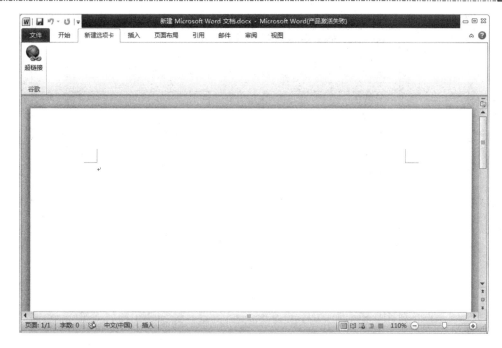

图1-26 打开一个Word文档

(2) 选择"文件"菜单中的"选项",如图1-27所示。

图1-27 选择文件"菜单"中的"选项"

(3) 在"Word选项"中选择"保存"选项卡,如图1-28所示。

图 1-28 选择"Word 选项"中的"保存"选项卡

(4) 在保存设置的右边可以设置文档的保存信息,若将图 1-29 中"保存自动恢复……"和"如果我没保存就关闭……"前的勾打上,就可设置文档的自动保存功能和时间。

图 1-29 设置文档的自动保存功能和时间

(5) 在"自动恢复文件位置"和"默认文件位置"栏中分别填上文件保存的路径，即可设置文档自动恢复的位置和文件保存的默认位置，如图 1-30 所示。

图 1-30　设置文档自动恢复的位置和文件保存的默认位置

3. 添加命令到快速访问工具栏

(1) 打开 Word 2010，单击左上角的"文件"按钮，在弹出的左侧列表单击"选项"命令，如图 1-31 所示。

图 1-31　选择文件菜单中的"选项"

(2) 打开"选项"窗口，切换到"快速访问工具栏"选项卡，如图 1-32 所示。

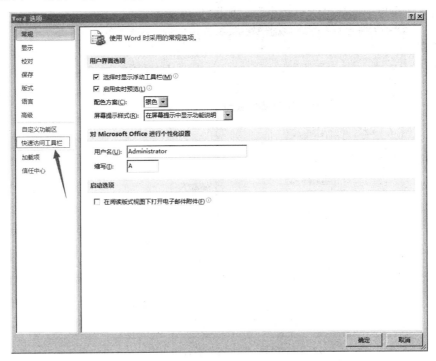

图 1-32　选择 Word 选项中的"快速访问工具栏"

(3) 在常用命令列表框中选择要添加的命令，单击"添加"按钮，如图 1-33 所示。

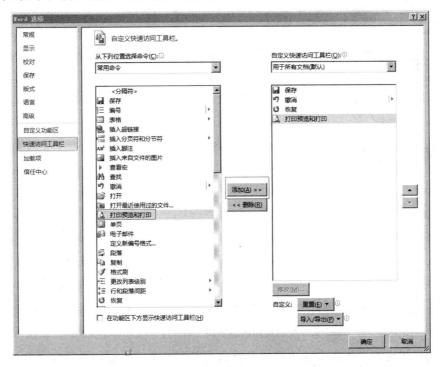

图 1-33　单击"添加"按钮

（4）如果常用命令中没有我们想要的命令，单击"从下列位置选择命令"的三角箭头，在弹出的下拉菜单中选择"所有命令"，如图 1-34 所示。

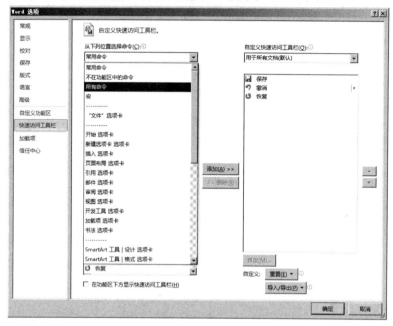

图 1-34　选择"所有命令"

（5）点击"确定"后即可在文档左上角的快速访问工具栏中看到该命令的按钮，如图 1-35 所示。

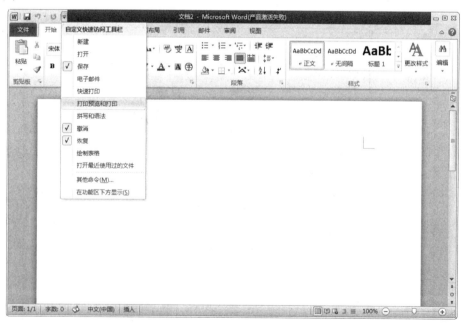

图 1-35　在 Word 文档左上角的快速访问工具栏中生成了自定义的快捷按钮

（6）选择"重置"按钮中的"重置所有自定义项"即可恢复快速访问工具栏的默认状态，如图 1-36 所示。

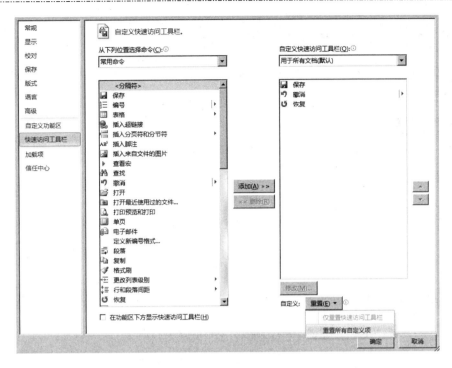

图 1-36　选择"重置所有自定义项"

4. 自定义功能快捷键

(1) 双击桌面上的 Word 2010 文档图标，启动 Word 2010 文档编辑程序，如图 1-37 所示。

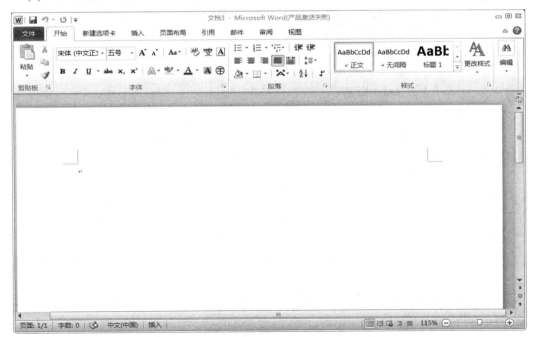

图 1-37　打开一个 Word 文档

(2) 在 Word 2010 文档窗口，依次点击"文件"→"选项"命令选项，如图 1-38 所示。

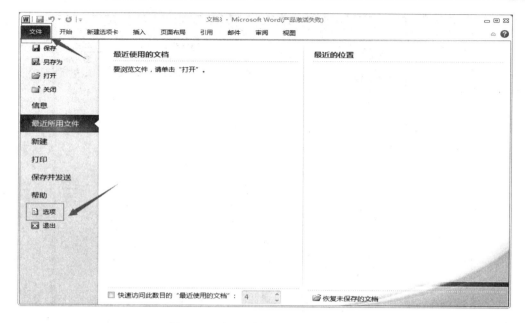

图 1-38　选择文件菜单中的"选项"

（3）点击"选项"命令后弹出"Word 选项"窗口，如图 1-39 所示。

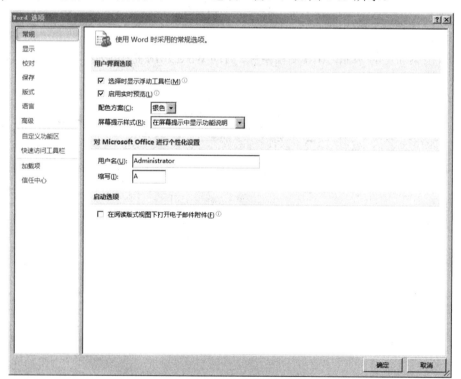

图 1-39　"Word 选项"窗口

（4）在打开的"Word 选项"窗口，选择左侧窗格中的"自定义功能区"选项，如图 1-40 所示。

图 1-40　选择"自定义功能区"选项

(5) 在选中的"自定义功能区"选项的右侧窗格中，点击"键盘快捷方式"的"自定义"按钮，如图 1-41 所示。

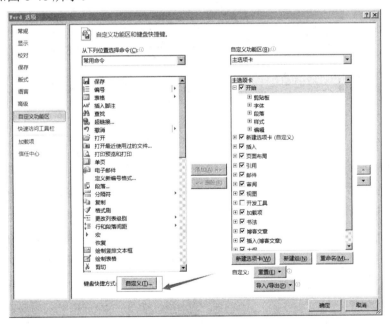

图 1-41　选择"自定义功能区"中的"自定义"按钮

(6) 在弹出的"自定义键盘"窗口中，选择需要设置的快捷键的"类别"和"字体"，然后在"请按新快捷键"下方的文本框中输入想设置的快捷键，最后再点击"指定"按钮，如图 1-42 所示。

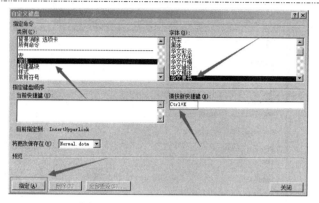

图 1-42 "自定义键盘"窗口

（7）点击"指定"按钮后，当前设置的快捷键就已经显示在了"当前快捷键"下方的文本框中。再点击"关闭"按钮即可完成设置，如图 1-43 所示。

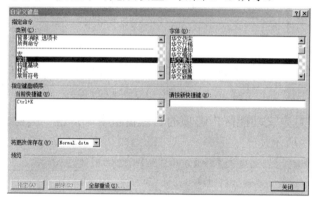

图 1-43 点击"关闭"按钮

（8）返回到 Word 文档编辑窗口，使用自定义的快捷键在文本框中输入文字，如图 1-44 所示。

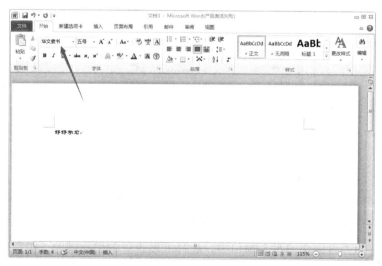

图 1-44 使用自定义的快捷方式修改文字样式

5. 禁用屏幕提示功能

(1) 打开 Word 2010 文档窗口，依次单击"文件"→"选项"按钮，如图 1-45 所示。

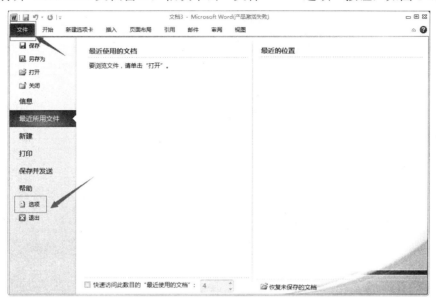

图 1-45 选择文件菜单中的"选项"

(2) 打开"Word 选项"窗口，选择"常规"选项卡，如图 1-46 所示。

图 1-46 选择"Word 选项"中的"常规"选项卡

(3) 选择"屏幕提示样式"中的"不显示屏幕提示"，如图 1-47 所示。

图 1-47 选择"不显示屏幕提示"

6. 禁用粘贴选项按钮

(1) 打开 Word 2010 文档窗口，依次单击"文件"→"选项"按钮，如图 1-48 所示。

图 1-48 选择文件菜单中的"选项"

(2) 打开"Word 选项"窗口，切换到"高级"选项卡。取消"剪切、复制和粘贴"区域中"粘贴内容时显示粘贴选项按钮"前的对勾，如图 1-49 所示。

图 1-49　去掉"粘贴内容时粘贴选项按钮"前的对勾

(3) 最后点击"确定"按钮完成设置，如图 1-50 所示。

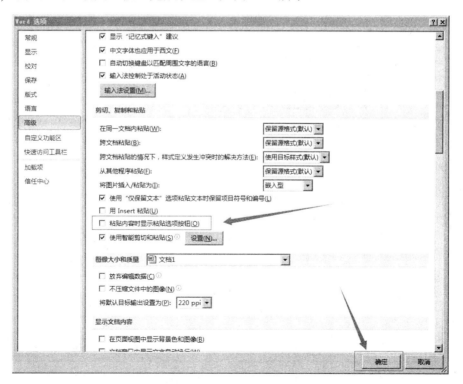

图 1-50　单击"确定"按钮

7. 更改文件的作者信息

(1) 打开 Word 2010 文档窗口，依次单击"文件"→"选项"按钮，如图 1-51 所示。

图 1-51　选择文件菜单中的"选项"

(2) 选择"常规"选项，在"对 Microsoft Office 进行个性化设置"区域的"用户名"中填上用户的名字，最后点击"确定"按钮完成设置，如图 1-52 所示。

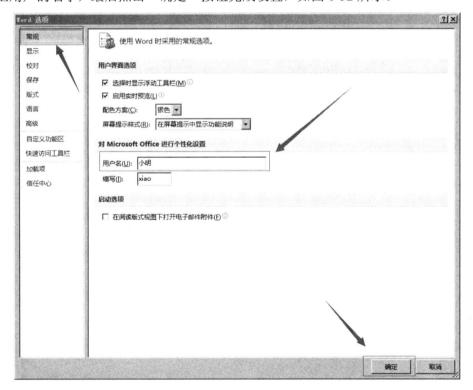

图 1-52　填入用户的名字

第 2 章　Word 2010 的基本操作

Office 2010 是 Microsoft 公司继 Office 2007 后推出的新一代办公处理软件，与 Office 2007 相比，其功能更加强大，操作更加方便，使用更加安全和稳定。通过对 Office 2010 应用界面的介绍和功能设置的学习，可全面掌握 Office 2010 各组件的使用方法和技巧，提高应用能力。

利用 Word 2010 创建一篇文档的整个工作流程包括启动(打开)Word 2010、命名并保存文档、编辑文字、表格、图形、图像、页面排版、输出打印、退出(关闭)Word 2010 等。本章介绍文档的创建、编辑、保存和保护等基本操作。

2.1　文档的创建

Word 2010 是 Windows 环境下的一个应用程序，因此，我们可以像启动其他 Windows 应用程序一样来启动 Word 2010。常用操作有如下四种：

(1) 从开始菜单启动。用鼠标单击"开始"按钮，依次从开始菜单中选择"所有程序"→"Microsoft Office"→"Microsoft Word 2010"命令，如图 2-1 所示。

图 2-1　从开始菜单启动 Word 2010

(2) 从快捷方式启动。在桌面上双击"Microsoft Word 2010"图标，如果桌面上没有此图标，可在上一步打开的"Microsoft Office"菜单中右击"Microsoft Word 2010"，从快捷菜单中选取"发送到"→"桌面快捷方式"命令，即会在桌面上创建其快捷图标，以后可使用此图标来快速启动 Word 2010。后面将要学习的其他 Office 组件的快捷图标均可按此方法创建，如图 2-2 所示。

图 2-2　从桌面快捷图标启动 Word 2010

(3) 从安装目录启动。依次打开"C:\Program Files\Microsoft Office\Office14"文件夹，然后在窗口中双击"WINWORD.EXE"图标，如图 2-3 所示。

图 2-3　从安装目录启动 Word 2010

(4) 从文件启动。在计算机中双击某个扩展名为 doc 或 docx 的文件图标，如图 2-4 所示。

图 2-4　从文件启动 Word 2010

Word 2010 的工作界面是一个窗口，因此使用 Windows 关闭窗口的操作均可退出 Word 2010。最常用的方法有：

· 单击 Word 2010 窗口右上角的"关闭"按钮(注意：标题栏右侧的关闭按钮是退出 Word 2010，而菜单栏右侧的关闭按纽是关闭文档但不退出 Word 2010)。

· 选择窗口"文件"菜单下的"退出"命令(注意：不是"关闭"命令)。

· 使用 Alt+F4 快捷键。

2.2　文档的编辑

编辑主要是指如何在已创建的空文档或打开的文档中输入各种信息，并对其进行增删、查改等操作，使其满足日常工作需求。

1. 输入文本

新建一个空文档后，就可以输入文本了。在默认状态下 Word 2010 输入的是英文字符，如要输入汉字，则应先切换到相应的中文输入法。当输入文本时，插入点会自动自左向右移动。如果输入了一个错误的字符或汉字，可以按 Backspace 键删除该错字，然后再继续输入。Word 有自动换行的功能，当输入到达每行的末尾时不必按 Enter 键，Word 会自动换行，只有要另起一个新的段落时才按 Enter 键。按 Enter 键表示一个段落的结束，并在段落的后面显示一个回车符"↵"。

2. 插入对象

在文档中，除了可以输入数字、字母、标点符号以外，还可以输入各种键盘上没有的特殊符号、图形、图表、声音和视频(后面单独介绍)及其他对象。在输入文档的过程中，可能要输入(或插入)一些键盘上没有的特殊符号(如俄、日、希腊文字符，数学符号，图形符号等)，除了利用汉字输入法的软键盘外，Word 还提供"插入符号"的功能。

1) 插入符号

(1) 移动插入点到要插入符号的位置。

(2) 点击"插入"功能选项卡中"符号"下部的下拉按钮并选择"其它符号"项，打开"符号"对话框，如图 2-5 所示。

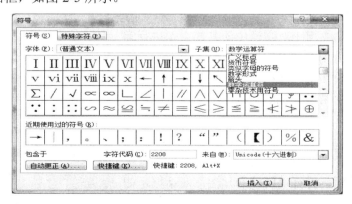

图 2-5　"符号"对话框

2) 插入日期和时间

日期和时间是编辑文档中最常用的一种对象。在 Word 2010 中，可以直接键入日期和时间，也可以使用"插入"功能选项卡中的"日期和时间"命令来快速插入标准格式，或者可以设置随文档打开的时间自动更新日期和时间。

(1) 移动插入点到要插入日期和时间的位置。

(2) 点击"插入"功能选项卡中的"日期和时间"按钮，打开"日期和时间"对话框，如图 2-6 所示。

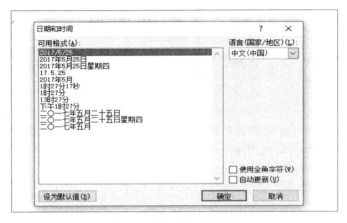

图 2-6　插入日期和时间

(3) 在"语言"栏中选择一种风格，以便符合相应的语法习惯(如用户编辑的是英文文章，则选择"英语"，如用户编辑的是中文文章，则选择"中文"，即按年月日时分秒的格式)。

(4) 在"可用格式"列表框中选定所需的格式。

(5) 如果选定"自动更新"复选框，则插入的日期和时间会自动更新，否则保持原插入的值。如果选定"使用全角字符"复选框，则将日期和时间中的数字转换为全角字符，否则为半角字符。

(6) 点击"确定"按钮，即可在指定位置处插入系统当前的日期和时间。

注：如插入的日期和时间与实际不统一，可在"控制面板"的"日期和时间"中调整。

3) 插入脚注和尾注

脚注和尾注主要用于对文档中的某些文本进行解释、说明以及提供相关的参考资料。脚注放在每一页面的底端；尾注放在整篇文档的结尾处，说明引用的文献。脚注和尾注由两个互相链接的部分组成：注释引用标记和与其对应的注释文本。

(1) 移动插入点到要插入脚注或尾注的位置。

(2) 点击"引用"功能选项卡"脚注"功能选项组右下角的下拉按钮，打开"脚注和尾注"对话框，如图 2-7 所示。

(3) 在对话框中根据需要单击"脚注"或"尾注"，

图 2-7　插入脚注或尾注

并选择脚注或尾注的位置。

(4) 在"编号格式"下拉列表框中单击所需格式。

(5) 单击"插入"按钮，Word 将在文本后插入一个注释编号，并将插入点置于相应的注释编辑区上。

(6) 键入注释文本。

(7) 如果要删除脚注或尾注，则选定脚注或尾注标记，按 Delete 键。

注意：脚注或尾注只能在"页面视图"中编辑。

4) 插入批注

批注是显示在文档右页边距中的作者或审阅者为文档添加的注释。

(1) 选择要设置批注的文本或内容。

(2) 在"审阅"功能选项卡中点击"新建批注"按钮。

(3) 在批注框中键入批注文字，如图 2-8 所示。

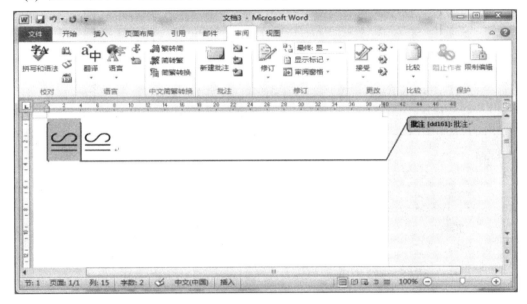

图 2-8　插入批注

(4) 如果要删除批注，可在批注上右击，从快捷菜单中选择"删除批注"命令。

5) 插入公式

Word 2010 提供了录入各种数学、物理公式的工具和模板，位于"插入"选项卡的"符号"组中。

(1) 单击"插入"选项卡"符号"组中的"公式"命令，或单击公式下拉箭头，从弹出的公式库列表中选择公式样式，或单击"插入新公式"命令手动编辑新公式，如图 2-9 所示。

(2) 在光标插入点出现公式编辑框(公式编辑控件)，同时功能区出现"公式工具"选项卡，包含了编辑公式要用到的各项命令。其中，"工具"组用于设置相关选项，"符号"组用于在编辑框中录入各种公式符号，结构组包含了各类公式的结构样式。

如在编辑框中用键盘录入"x="，再选择"结构"组中的"根式"结构样式，就录入了一个带根式的公式, 如图 2-10 所示。若要录入复杂公式, 可选择适当的结构样式嵌套插入, 然后再编辑修改参数。

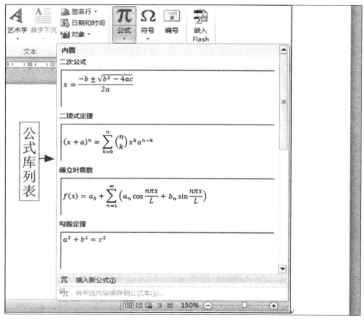

图 2-9　插入公式

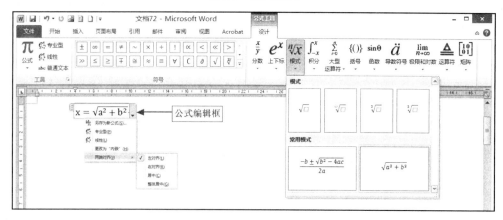

图 2-10　编辑公式

(3) 单击"工具"组中"公式"命令的下拉箭头, 选择"将所选内容保存到公式库", 或单击公式编辑框(公式控件)右侧的下拉箭头, 选择"另存为新公式"命令, 可将选中的公式保存起来供以后调用。

3. 插入与删除文本

1) 插入文本

确定状态条上是"插入"或"改写"状态。在默认情况下, 该按钮为灰色, 表明处于插入状态, 此时, 将插入点移到需要插入文本的位置; 若用鼠标双击此按钮或按键盘上的 Ins 键, 则按钮变成黑色, 表明处于改写状态, 此时插入点右边的字符或文字将被新输入的文字或字符所替代。

2) 删除文本

如果仅删除单个字符，可先将插入点放置到该字符的前方再按 Delete 键，或者将插入点放置到该字符的后方再按 Backspace 键。如果要删除多个字符，可先选定字符，然后按 Delete 键或 Backspace 键。

4. 复制与移动文本

1) 复制文本

在输入文本或编辑文档时，常常会重复输入一些前面已经输入过的文本，这时可使用复制操作以提高输入效率，减少键入错误。

(1) 使用鼠标操作：先选定要复制的对象，按下 Ctrl 键并将选定的对象拖动到合适位置。

(2) 使用快捷键操作：先选定要复制的对象，按下 Ctrl+C 组合键，移动插入点到合适位置按下 Ctrl+V 组合键。

2) 移动文本

在编辑文档时，常常需要调整一些字、词、句或段落的先后顺序，这时可使用移动操作。

(1) 使用鼠标操作：先选定要移动的对象，并将选定的对象拖动到合适位置。

(2) 使用快捷键操作：先选定要移动的对象，按下 Ctrl+X 组合键，移动插入点到合适位置并按下 Ctrl+V 组合键。

5. 查找与替换

Word 2010 提供了丰富的查找功能，用户不仅可以查找文档中某一指定的文本，而且可以查找特殊符号(如段落标记、制表符等)。

1) 常规查找

(1) 在"开始"功能选项卡的"编辑"组中点击"查找"按钮或直接按下 Ctrl+F 快捷键，即可打开"常规查找"导航面板，如图 2-11 所示。

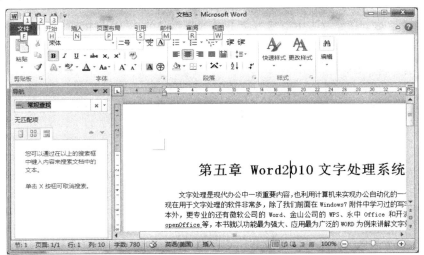

图 2-11　"常规查找"导航面板

(2) 在"导航"文本框中输入准备查找的文字，Word 就会自动在文档中查找相应内容，并加上黄色底纹显示在窗口中，如图 2-12 所示。

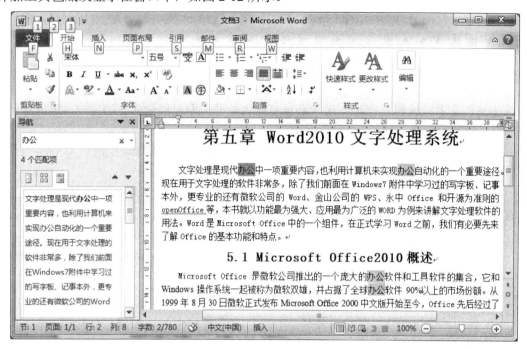

图 2-12　显示查找结果

(3) 单击"查找下一处"按钮开始查找。当查找到指定的信息后，就将文档窗口移动到该信息处，并反色显示所找到的文本。

(4) 如果单击"取消"按钮，则关闭"查找和替换"对话框，插入点停留在当前查找到的文本处；如果还需继续查找下一个，可再单击"查找下一处"按钮，直到整个文档查找完毕为止。

2) 高级查找

(1) 在"开始"功能选项卡的"编辑"组中点击"查找"右侧的下拉按钮，并选择"高级查找"命令，即可打开"查找和替换"对话框，如图 2-13 所示。

图 2-13　"查找和替换"对话框

(2) 在对话框中点击"更多"按钮，设置好相关选项，点击"查找下一处"按钮即可完成高级查找，如图 2-14 所示。

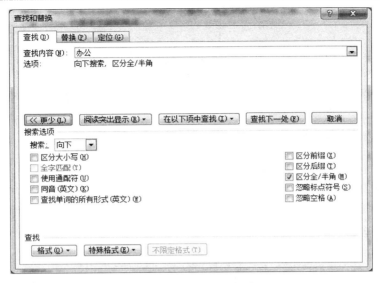

图 2-14　设置查找选项

3) 替换文本

上面介绍的仅仅是一种单纯的查找方法，而查找和替换总是密切联系在一起的，常要将多次出现在文档中的某些文本替换为另一个文本。例如将"计算机"替换成"电脑"等，这时可以利用替换功能来完成。"替换"的操作与"查找"类似，具体操作如下：

(1) 在打开的"查找和替换"对话框中点击"替换"选项卡。

(2) 在"查找内容"列表框中键入要查找的内容。

(3) 在"替换为"列表框中键入要替换的内容。

(4) 单击"查找下一处"按钮开始查找，如图 2-15 所示，找到后反色显示。

图 2-15　替换文本

(5) 如要替换，则单击"替换"按钮，如果此处不替换则可点击"查找下一处"按钮，反复进行可以边审查边替换；如果要全部替换，那么只要单击"全部替换"按钮就可一次替换完毕。同样，也可以使用高级功能来设置要替换的文字。

6. 撤消与恢复

考虑到用户可能会出现误操作，或对当前设置不满意想将文档恢复到以前的某个状态，Word 2010 在标题栏处提供了撤消与恢复按钮，如图 2-16 所示。

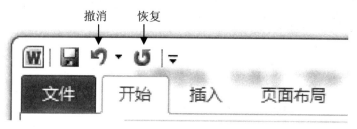

图 2-16　撤消与恢复按钮

2.3　文档的保存及保护

1. 文档的保存

文档创建后，或在对文档进行了一些修改操作后，为防止 Word 2010 意外关闭(如停电、死机等)而导致文档信息的丢失，应当及时对文档进行保存，即将临时保存在内存中的文档转移到各种外存中去，以便将来使用。在 Word 2010 中，保存文档可分为手工保存和自动保存两种类型。

2. 文档的保护

如果所编辑的文档是一份重要的文档，不希望无关人员查看或修改，则可以对文档进行保护。Word 提供了非常完善的文档保护机制，这里仅简单介绍给文档加密的方法。

(1) 单击"文件"选项卡，选择"信息"打开"Word 选项"对话框，点击"保存"按钮。

(2) 依次在"加密文档"对话框中输入密码和确认密码，点击"确定"。

(3) 在"确认密码"对话框的文本框中重复键入所设置的密码并单击"确定"按钮，文档关闭后，下次打开时需要输入密码才能打开。

注：要修改或取消"文档保护密码"可在打开文档后重新执行以上操作。

第3章 文档的编辑和美化

对 Word 文档文字部分的编辑和美化，使得文本内容清晰明了，其中，字体、段落及页面布局等是最基本的文字编辑操作。同时，在 Word 文档中提供插入表格及单元格设置等功能，与 Excel 中的基本操作相似。这些操作大大丰富了 Word 文档的文字排版功能。

3.1 设 置 字 体

1. 设置字体、字号

Word 2010 中，设置字体是指对文本的字体、字号、颜色等进行设置。设置前，必须先选中要设置的文本。下面以图 3-1 为例，对文本的字体、字号进行设置。

选中方框中的内容，点击"字体"下拉三角，将中文字体设置为"宋体"，西文字体设置为"Times New Roman"，字号均为"11"，如图 3-2 所示。

图 3-1　论文排版

图 3-2　字体选择与设置

2. 增大字体、缩小字体

用 Word 2010 编辑文档，可增大或缩小字体。第一种方法是选定要改变字体的文本，例如想输入 96 号字体，直接在"字号"栏中输入"96"；第二种方法可以利用快捷键直接来增大、缩小字体，即选中要改变字号的文本，按键盘上的"Ctrl+[" 使字体逐渐变小，按"Ctrl+]"则使字体逐渐增大，这种情况适用于题库没有规定固定字号的情况。

3. 加粗字体

在 Word 2010 中，可以对选中的文本进行加粗。具体为选中要加粗的文本，在"字体"

功能组中找到 **B**，即可加粗选中的文本；也可以直接选中要加粗的文本，然后使用加粗的快捷键"Ctrl+B"加粗文本。

4. 倾斜文本

在 Word 2010 中，可以将所选文本设置为倾斜。例如：*欢迎大家学习 word 2010！* 其操作步骤是：选中需要倾斜的文本，然后在"字体"功能组中找到 ***I***，点击即可倾斜文本；也可以选中文本后直接使用"Ctrl+I"快捷键来倾斜文本。

5. 下划线

在 Word 2010 中，有时会需要在文字下显示下划线。例如：欢迎大家学习 <u>Word 2010！</u>其操作步骤是：先选中文本，然后在"字体"功能组中找到 **U** 并点击，即可对选中的文字添加下划线，下划线的线条类型、颜色可以通过点击下拉三角来选择。

6. 删除线

使用 Word 2010 编辑文字时，常需要对文字进行各种操作。例如我们常可以看到在一些文档中有些文字上画了一横线或是两横线，其实这是文字的删除线，那么如何在 Word 中为文字设置删除线呢？选中要设置删除线的文本，在"字体"功能组中找到 **abc**，即可为文本设置删除线。例如：大家好，欢迎夫家小朋友学习 word 2010。需要注意的是，点击该按钮时，只能为文本添加单一的一条横线，如果要设置双删除线则要勾选"效果"选项中的相应项，如图 3-3 所示。

图 3-3 双删除线

7. 上标、下标

上标、下标的作用非常广泛，上标一般是指比同一行中其他文字稍高的文字，用于上角标识符号。下标指的是比同一行中其他文字稍低的文字，用于科学公式。比如常见的有平方米和立方米符号等，都是利用上标标注出来的。

例如：张东明 1 李圆圆 1 陈佳怡 2

设置上标操作步骤：选中数字"1"、"1"、"2"，点击 **x²** 即可设置为上标，效果如下：

张东明 [1]　李圆圆 [1]　陈佳怡 [2]

设置下标操作步骤：选中数字"1"、"1"、"2"，点击 即可设置为下标，效果如下：

张东明 [1]　李圆圆 [1]　陈佳怡 [2]

8. 文本效果

应用文本效果，可以对所选文字应用外观效果，如轮廓、阴影、发光或映像。应用之前，要先选中需要设置的文本，然后在"字体"功能组中点击 Ａ·。通过点击下拉三角，还可以进行更多操作。

9. 清除格式

清除格式在 Word 中应用得比较多，例如利用分节符分出一页空白页操作时，设置有格式(如样式)的一页可能会影响分出来的空白页，在空白页上留下一个黑点，此时我们将光标定位于空白页上，点击 即可清除原来的格式。

3.2　设　置　段　落

1. 设置段落对齐方式

在 Word 2010 中，段落的对齐方式有 5 种。在选择对齐方式之前，首先需要选中某一段落，然后在"段落"功能组中找到 ▤ ▤ ▤ ▤ ▤，从左至右分别为：左对齐、居中、右对齐、两端对齐和分散对齐。

2. 设置段落缩进

使用缩进功能，可以对段落进行左右缩进、首行缩进、悬挂缩进。例如在写作文时通常空两格写，这就是所谓的首行缩进，首行缩进时，可以选择需要缩进的字符数。在进行缩进时，需要选中某段或者将光标放于需要缩进的段落中，然后在"段落"对话框中进行操作，如图 3-4 所示。

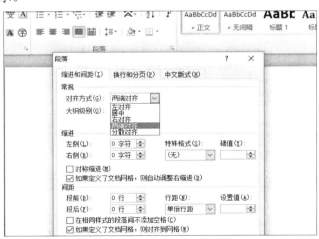

图 3-4　"段落"对话框

3. 设置段间距

顾名思义，段间距就是段与段之间相隔的距离，分为段前间距和段后间距，为了更好地去理解段间距，可以通过对图 3-5 进行观察对比，其具体操作过程如图 3-6 所示。

电子数字计算机是人类社会 20 世纪最伟大的科技发明之一，也是当今发展得最为迅速的新兴学科。在短短的半个多世纪中，计算机技术取得了迅猛的发展，它的应用也从最初单纯的军事和科研领域扩展到了社会生活的各行各业，成为信息社会中人们生活、学习、工作必不可少的工具，有力地推动了社会生产力和社会信息化的发展。未调整段前段后
在正式讲解计算机具体内容之前，可通过本章的学习，让读者先了解计算机的整体结构和一些最基本操作，并养成一个良好的使用计算机的习惯，为后面的深入学习奠定基础。

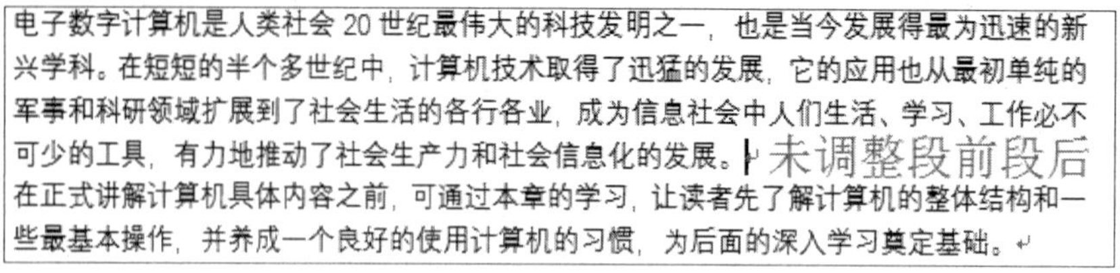

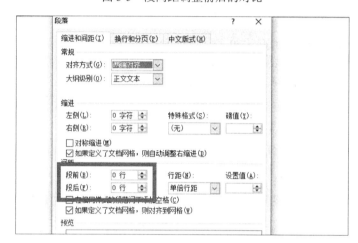

图 3-5　段间距调整前后的对比

图 3-6　段间距的调整

4. 设置段落行距

与段间距有所不同，行距是调整行与行之间的距离。选中需要调整的部分，如果需要调整全文则用 Ctrl+A 快捷键全选，选中之后点击“段落”对话框，如图 3-7 所示。

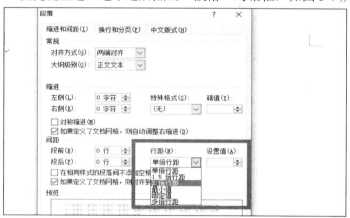

图 3-7　段落行距设置

设置行距时，通过点击下拉三角，可以选择单倍行距、1.5 倍行距等，如需设置其他的行距，根据具体的要求进行相应的设置即可。

5. 设置项目符号

为了使条目较多的文档显得更加清晰，也更加美观，我们常常需要用到项目符号，它

只在每个段落的开始处显示，能起到强调的效果。Word 2010 自带了一些项目符号，在应用时可以自己定义新的项目符号，效果如图 3-8 所示。

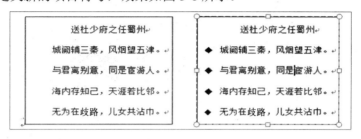

图 3-8　项目符号设置

操作步骤：选择需要设置项目符号的文本，点击段落中的 ⊟ ▼ ，通过点击下拉三角可以选择不同的符号，如图 3-9 所示。

注意：图 3-8 中只有单一的项目编号，如需要多种编号，可以先将选中的文本设置一种，剩下的再继续按此步骤操作即可。

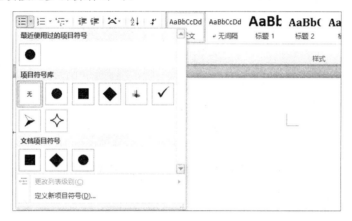

图 3-9　项目符号对话框

如果项目符号库中没有所需要的符号，可以点击"定义新项目符号"，如图 3-10 所示。

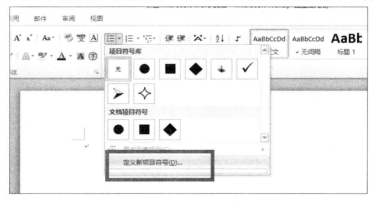

图 3-10　定义新项目符号

点击之后会弹出相应的对话框，在此对话框中，可以选择"符号"、"图片"，还可以调整对齐方式，如果需要使用自己喜欢的图片来作为项目符号，可以依次点击"图片"→"导入"，然后选择图片所在位置，即可导入进来，如图 3-11 所示。

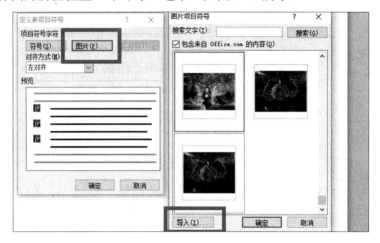

图 3-11　图片项目符号

6. 设置编号

使用 Word 2010 编辑文档的过程中，经常需要为一些段落添加编号，这样可以使文档更有条理性。

1) 第一种方法：先有编号再加内容

(1) 打开 Word 2010 文档页面，在"段落"中单击"编号"下三角按钮，在列表中选择符合要求的编号类型就能将第一个编号插入到文档中，在第一个编号后面输入文本内容，按回车键将自动生成第二个编号，如图 3-12 所示。

图 3-12　编号对话框

2) 第二种方法：先有内容再加编号

(1) 打开 Word 2010 文档页面，选中需要插入编号的段落，如图 3-13 所示。

贵州大学
贵州民族大学
贵州财经大学
贵州师范大学

图 3-13 示例段落

(2) 在"段落"中单击"编号"下三角按钮，在列表中选中合适的编号即可，如图 3-14 所示。

A. 贵州大学
B. 贵州民族大学
C. 贵州财经大学
D. 贵州师范大学

图 3-14 加编号后的示例段落

取消编号：如需取消设置的编号，只需选中刚才所选内容，在"段落"中单击"编号"的下三角按钮，选择"无"即可取消设置的编号。

7. 多级列表

用 Word 编辑文档时，经常会出现很多条目，条目里面有二级子条目，二级子条目还有若干三级子条目，那么 Word 自带的编号库已经无法满足三级编号的要求，此时就可以借助 Word 2010 中的多级列表来解决。

多级列表常和样式配合使用，可以满足多个条目下的编号，其用法与"编号"类似。

要添加多级列表，只需单击"段落"组中"多级列表"的下拉按钮，在其列表中选择要使用的多级列表样式即可，如图 3-15 所示。

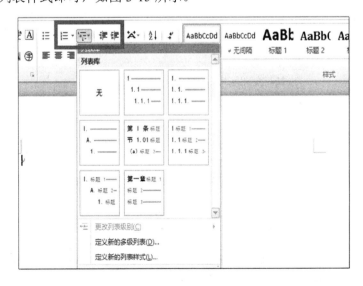

图 3-15 多级列表对话框

要自定义多级列表，可以单击"多级列表"下拉按钮，执行"定义新的多级列表"命令，如图 3-16 所示。

图 3-16　定义新的多级列表

在图 3-17 中选择相应的级别，为不同的级别设置不同的编号格式，并且可以连接到相应的标题。链接到相应的标题后，文档中的相应标题则会被应用输入的编号格式。

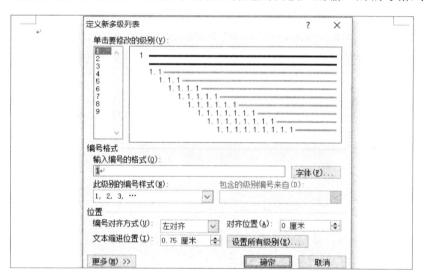

图 3-17　定义新多级列表对话框

8. 边框底纹

(1) 边框。首先在"段落"组中找到 ▦ ，点击下拉三角，选择"边框和底纹"，如图 3-18 所示。

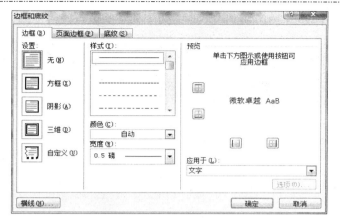

图 3-18　边框和底纹

(2) 页面边框。在"边框和底纹"选项下选择"页面边框"选项卡，即可进行相关设置，如图 3-19 所示。与边框有所不同，页面边框主要应用的是页面，除此之外其他操作大体相同，页面边框效果如图 3-20 所示。

图 3-19　"页面边框"选项卡

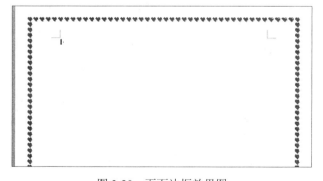

图 3-20　页面边框效果图

需要注意的是，边框与页面边框在应用上稍有不同。点击边框时，可以将所选文字或段落加上边框。例如：大家好，欢迎大家学习 word2010 在"应用于"处选择"文字"即可将所选文字应用边框，如果需要将整段文字应用边框，则在"应用于"处选择"段落"。设置"边框"时，可以同时设置边框类型、样式、颜色、宽度等。

(3) 底纹。使用 Word 2010 编辑文档时，为了使某些重点段落更加突出，可以为这些段落添加底纹。通俗地说就是可以为所选内容添加各种颜色的背景，例如下段文字所示：

《静夜思》是伟大诗人李白的作品，表达的是思乡之情。这首诗虽然只有区区二十个字，但其流传非常广泛，它几乎是全世界华人耳熟能详的名篇之作。在我国最广为流传的《静夜思》版本是明朝版本，与宋朝版本相比个别字有出入。

操作步骤：先选中需要设置底纹的文本，在"段落"中点击 下拉三角，即可为所选文字应用不同颜色的底纹。

3.3　文档样式与主题

1. 文档样式

Word 2010 提供了很多样式，通过样式来管理文档可使整个文档看起来层次清晰。样式位于"开始"选项卡下的"样式"功能组中，如图 3-21 所示。

图 3-21　样式对话框

1) 应用样式

Word 2010 的应用样式比较简单，选中需要设置样式的文本，然后点击相应的样式即可。操作步骤：选中第一段"计算机基础"，点击"标题 1"，即可应用"标题 1"；选中第二段，点击"标题 2"即可应用"标题 2"；其他也是同样的方法，先选中文本，后点击样式，效果如图 3-22 所示。

· 计算机基础

· Microsoft office

· Word2010

· Excel2010

· Powerpoint 2010

图 3-22　样式应用效果

2) 修改样式

设置完样式之后，可以对样式进行相应的修改，如修改样式的名称、字体、字号、颜色、对齐方式等，如需设置更多可以点击右下角的"格式"选项，对具体内容进行相应修改，修改完成后点击"确定"按钮即可。

例如：将图 3-23 中红色文本应用"标题 1"样式，格式为小二号字，黑体，不加粗，段前 1.5 行，段后 1 行，行距为最小值 12 磅，居中。

文章编号：BJDXXB-2010-06-003
基于频率域特性的闭合轮廓描述子对比分析
张东明 1　李圆圆 1　陈佳怡 2
(1 北京 XX 大学信息工程学院，北京　100080　　2 江西 XX 学院计算机系，南昌，330002)

摘　　要：本文将通过实验对两种基于频率域特性的平面闭合轮廓曲线描述方法(Fourier Descriptor，FD 和 Wavelet Descriptor，WD)的描述性、视觉不变性和鲁棒性的对比分析，讨论它们在形状分析及识别过程中的性能。在此基础上提出一种基于小波包分解的轮廓曲线描述方法(Wavelet Packet Descriptor，WPD)，通过与 WD 的对比表明其在特定场合具有更强的细节刻画能力。

关键字：Fourier 描述子、Wavelet 描述子、视觉不变性、小波包形状描述
中图分类号：　　　　　　文献标志码：A

图 3-23　样式修改示例

操作步骤：选中红色文本"基于频率域特性的闭合轮廓描述子对比分析"，应用"标题 1"样式，应用完成之后将光标置于"标题 1"上，单击鼠标右键，选择"修改"，在弹出的对话框中设置相应格式，选择"黑体"，字号选择"小二"，然后再点击"格式"→"段落"，在段前处输入"1.5 行"，段后处输入"1 行"，在行距处点击下拉三角，选择"最小值"，输入 12 磅即可，如图 3-24 所示。

图 3-24　修改样式

3) 导入样式

在进行样式应用时，有时需要将其他 Word 文档样式库中设置好格式的样式导入到当前正在编辑的 Word 文档中，其操作方法是点击"样式"下拉三角，选择图 3-25 中箭头所示的"管理样式"。然后再选择"推荐"选项卡，点击"导入/导出"按钮，如图 3-26 所示。

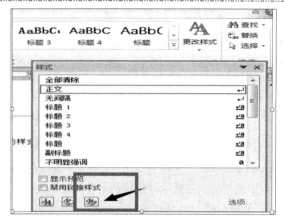

图 3-25　管理样式

图 3-26　管理样式对话框

　　点击"导入/导出"按钮后会弹出如图 3-27 所示对话框，左边为当前正在编辑的文档，右边为导入源，进入该对话框时，由于系统默认是使用 Normal.dotm(共用模板)，所以第一步应点击"关闭文件"，然后点击"打开"，选择"导入路径"→"导入文件"，点击"确定"按钮，再到右侧点击需要导入的样式名(如标题 1、标题 2)即可完成样式的导入。

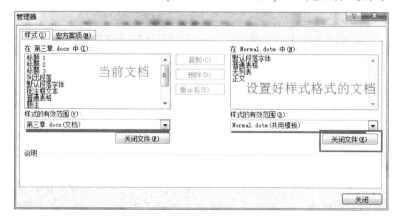

图 3-27　管理器

2. 应用主题

通过使用主题，用户可以快速改变 Word 2010 文档的整体外观，主要包括字体、字体颜色和图形对象的效果。在 Word 2010 文档中使用主题的步骤如下：

(1) 打开 Word 2010 文档窗口，切换到"页面布局"功能区，并在"主题"分组中单击"主题"下拉三角按钮，如图 3-28 所示。

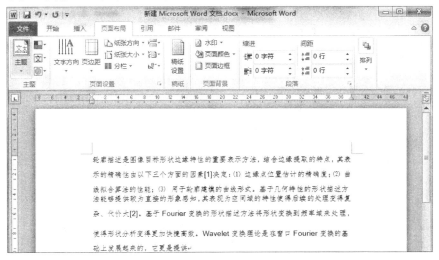

图 3-28 主题应用

(2) 在打开的"主题"下拉列表中选择合适的主题。当鼠标指向某一种主题时，会在 Word 文档中显示应用该主题后的预览效果，如图 3-29 所示。

图 3-29 主题选择

注意：如果希望将主题恢复到 Word 模板默认的主题，可以在"主题"下拉列表中单击"重设为模板中的主题"命令，如图 3-30 所示。

图 3-30　重设为模板中的主题

3.4　调整页面布局

　　Word 2010 提供的页面设置工具可以帮助用户轻松完成对"页边距"、"纸张大小"、"纸张方向"、"文字排列"等诸多选项的设置工作。

1) 设置页边距

　　Word 2010 提供了"普通"、"宽"、"窄"等 5 个默认选项，在"页面布局"→"页面设置"选项组中单击"页边距"按钮，用户可以根据需要选择页边距。或者在"页边距"按钮的下拉菜单中选择"自定义边距"选项，在弹出的"页面设置"对话框中进行设置，如图 3-31 所示。

图 3-31　页边距设置

2) 设置纸张方向

在"页面布局"→"页面设置"选项组中单击"纸张方向"按钮,在下拉列表中根据需要选择"横向"或"纵向"两个方向,如图 3-32 所示。

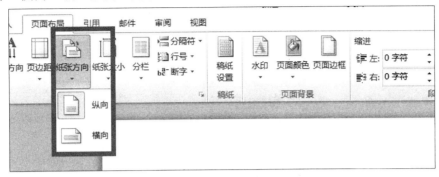

图 3-32 纸张方向设置

3) 设置纸张大小

在"页面布局"→"页面设置"选项组中单击"纸张大小"按钮,在下拉菜单中提供了多种预设的纸张大小,用户可根据需要进行选择。若要自定义纸张大小,单击下拉菜单中的"其他页面大小",在弹出的"页面设置"对话框中进行设置后单击"确定"按钮即可,如图 3-33 所示。

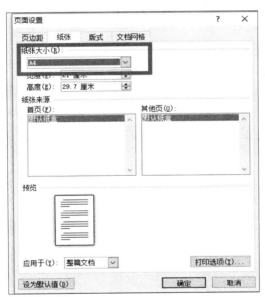

图 3-33 纸张大小设置

4) 设置页面颜色和背景

在"页面布局"→"页面背景"选项组中单击"页面颜色"按钮,在下拉菜单中的颜色面板,用户可以根据自己的需要选择页面颜色。单击下拉菜单中的"填充效果"可以打开"填充效果"对话框,在该对话框中有"渐变"、"纹理"、"图案"和"图片"四个选项卡用于设置特殊的填充效果,设置完成后单击"确定"即可,如图 3-34 和图 3-35 所示。

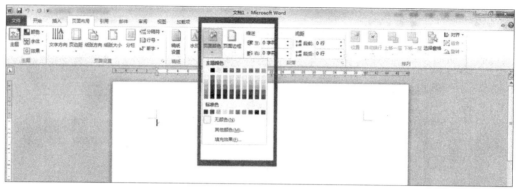

图 3-34　页面背景

图 3-35　页面填充效果

3.5　表格的制作

Microsoft Office 中，最适合做表格的无疑是 Excel，如果对于表格不大、不需做大量复杂的运算、要求简单的表格(如课程表、点名册等)，使用 Word 2010 则更合适。

1. 插入表格

切换到"插入"选项卡，在"表格"组中单击"表格"下拉按钮，然后执行"插入表格"命令，此时会弹出"插入表格"对话框，在"表格尺寸"中填上要做的表格的行列数，再点击"确定"即可，如图 3-36 所示。

图 3-36　插入表格

2. 绘制表格

切换到"插入"选项卡，在"表格"组中单击"表格"下拉按钮，然后执行"绘制表格"命令，此时会弹出画笔，用画笔即可绘制表格。

3. 快速表格

使用 Word 2010 编辑文档时，为了提高效率，可以将常用的表格添加至快速表格，在下一次使用时直接点击即可，省去了重新制表的时间。例如表 3-1，点击表格左上角的十字形选中表格，切换至"插入"选项卡，单击"表格"下拉按钮，选择"快速表格"，再点击"将所选内容保存至快速表格"，即可将表 3-1 保存至快速表格中，下次要使用该表格时直接在快速表格中点击即可。

表 3-1　快速表格制作

时　　间	演讲主题	演讲人
9:00～10:30	新一代企业业务协作平台	李超
10:45～11:45	企业社交网络的构建与应用	马健
12:00～13:30	午餐	
13:45～15:00	大数据带给企业运营决策的革命性变化	贾彤
15:15～17:00	设备消费化的 BYOD 理念	朱小路
17:00～17:30	交流与抽奖	

3.6　表格的编辑

1. 表格样式

单击表格左上角的十字形选中整张表格，然后切换到"表格工具"→"设计"选项卡，在"表格样式"组中的"内置"表格样式库中选择表格样式，可以对相应的样式进行修改，效果如表 3-2 所示。

表 3-2　表格样式应用

姓名	语文	数学	英语
张三	95	97	66
李四	96	88	90
王五	90	90	95

2. 表格边框底纹

单击表格左上角的十字形选中整张表格，然后切换到"表格工具"→"设计"选项卡，找到 ，即可为表格设置边框和底纹。点击"边框"下拉按钮，选择"边框和底纹"，则弹出"边框和底纹"对话框，如图 3-37 所示。

图 3-37　边框和底纹设置

在"边框和底纹"对话框中，可设置边框类型、样式(实线、虚线等)、颜色、线条宽度及框线方向(上框线、下框线等)。例如表 3-2，选中表格第一行，切换到"表格工具"→"设计"选项卡，选择"底纹"下拉按钮，在"主题颜色"中选择"标准色"下的蓝色，即可为表格第一行应用蓝色底纹。单击表格左上角的十字形选中整张表格，点击"边框"下拉三角，选择"边框和底纹"，弹出"边框和底纹"对话框，选择"方框"，样式选择虚线，点击"颜色"下拉按钮，选择"标准色"中的红色，点击"宽度"下拉按钮，选择"1.5磅"即可为样例表格应用边框底纹。点击"确定"按钮之后，可以在右侧"预览"中看见预览效果，如表 3-3 所示。

表 3-3　表格边框设置效果

姓名	语文	数学	英语
张三	95	97	66
李四	96	88	90
王五	90	90	95

3．合并单元格

打开 Word 2010 文档页面，选择表格中需要合并的两个或两个以上的单元格，切换至"表格工具"→"布局"选项卡，点击"合并单元格"即可将所选定的单元格合并。

如图 3-38 所示，选中第一行四个单元格。切换至"表格工具"→"布局"选项卡，点击"合并单元格"，并输入标题"××班考试成绩"，效果如表 3-4 所示。

↵	↵	↵	↵
姓名↵	语文↵	数学↵	英语↵
张三↵	95↵	97↵	66↵
李四↵	96↵	88↵	90↵
王五↵	90↵	90↵	95↵

图 3-38　单元格合并

表 3-4   表格合并效果

××班考试成绩			
姓名	语文	数学	英语
张三	95	97	66
李四	96	88	90
王五	90	90	95

4. 插入行和列

在 Word 2010 文档表格中，用户可以根据实际需要插入行或者列。在准备插入行或者列的相邻单元格中切换至"表格工具"→"布局"选项卡，然后在"行和列"功能组中选择"在上方插入"、"在下方插入"、"在左侧插入"或"在右侧插入"命令。

3.7   单元格大小

1. 自动调整表格大小

单击表格左上角的十字形选中整张表格，切换到"表格工具"→"布局"选项卡，点击"自动调整"下拉按钮，可选择"根据内容自动调整表格"、"根据窗口自动调整表格"、"固定列宽"等命令自动调整表格大小，如图 3-39 所示。

图 3-39   自动调整表格大小

2. 表格宽度、高度设置

单击表格左上角的十字形选中整张表格，切换到"表格工具"→"布局"选项卡，在"单元格大小"功能组中找到"高度"和"宽度"选项，在框中输入相应的大小及单位，即可为表格指定高度和宽度。

3. 对齐方式

单击表格左上角的十字形选中整张表格，切换到"表格工具"→"布局"选项卡，在"对齐方式"功能组中为表格选择对齐方式。Word 2010 提供了 9 种对齐方式，在选择对齐方式时可根据具体要求选择，如图 3-40 所示。

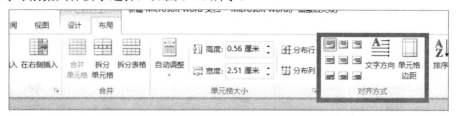

图 3-40　表格对齐方式设置

4. 公式

在 Word 2010 文档中，用户可以借助其提供的数学公式运算功能对表格中的数据进行数学运算，包括加、减、乘、除以及求和、求平均值等常见运算。用户可以使用运算符号和 Word 2010 提供的函数进行上述运算，如表 3-5 所示，要求运用公式求出总分及各科平均分。

表 3-5　成　绩　表

姓名	语文	数学	英语	总分
张三	95	97	66	258
李四	96	88	90	274
王五	90	90	95	275
平均分	93.67	91.67	83.67	269

(1) 打开 Word 2010 文档窗口，在准备参与数据计算的表格中单击计算结果单元格。在"表格工具"功能区的"布局"选项卡中，单击"数据"分组中的"公式"按钮，如图 3-41 所示。

图 3-41　公式插入

(2) 在打开的"公式"对话框中，"公式"编辑框中会根据表格中的数据和当前单元格的所在位置自动推荐一个公式，例如"=SUM(left)"是指计算当前单元格左侧单元格的数据之和，如图 3-42 所示。用户可以单击"粘贴函数"下拉三角选择合适的函数，例如平均数函数 AVERAGE、计数函数 COUNT 等。其中，公式中括号内的参数包括四个，分别是左侧(left)、右侧(right)、上面(above)和下面(below)。完成公式的编辑后单击"确定"按钮即可得到计算结果。

图 3-42　用公式求和

第 4 章　美化并丰富文档

在 Word 文档的编辑过程中，图形图案的应用和修饰可以使文档内容更加丰富，能将文字所呈现的内容具体化，使读者一目了然。另外，丰富文档内容的方式还包括各种符号和数学公式的编辑，以及其他编辑对象的引用和修饰。

4.1　文档中图形、图像(片)的编辑和处理

1. 插入图片

在 Word 文档中可以插入各类格式的图片文件，操作步骤如下：

(1) 将鼠标光标定位在要插入图片的位置。

(2) 在"插入"选项卡的"插图"选项组中单击"图片"按钮，打开"插入图片"对话框，如图 4-1 所示。

图 4-1　打开"插入图片"对话框

(3) 在指定文件夹下选择所需图片，单击"插入"按钮，即可将所选图片插入到文档中，如图 4-2 所示。

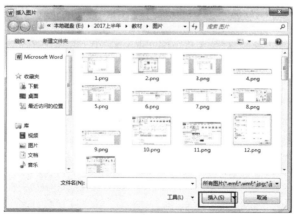

图 4-2　在指定文件夹下选择所需图片

2. 设置图片格式

在文档中插入图片并选中图片后，功能区中将自动出现"图片工具/格式"选项卡，如图 4-3 所示。通过该选项卡，可以对图片的大小、格式等进行设置。

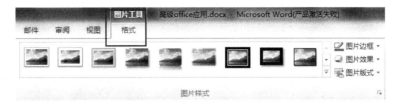

图 4-3 "图片工具/格式"选项卡

1）设置图片格式

(1) 应用预定义图版样式：在"图片工具/格式"选项卡上单击"图片样式"选项组中的"其他"按钮，在展开的"图片样式库"中列出了许多图片样式，如图 4-4 所示。单击选择其中的某一类型，即可将相应样式快速应用到当前图片上。

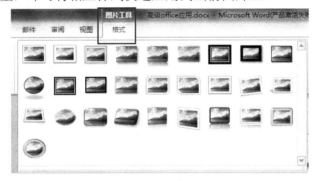

图 4-4 调整图片样式

(2) 自定义图片样式：如果认为"图片样式库"中内置的图片样式不能满足实际需求，可以分别通过"图片样式"选项组中的"图片边框"、"图片效果"和"图片版式"等 3 个命令按钮进行更多的图片属性设置，分别如图 4-5～图 4-7 所示。

图 4-5 "图片边框"按钮

图 4-6　"图片效果"按钮

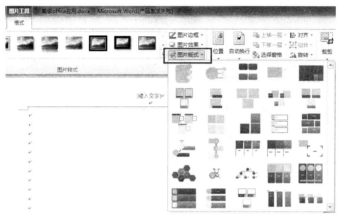

图 4-7　"图片版式"按钮

(3) 进一步调整格式：在"图片工具/格式"选项卡上，通过"调整"选项组中的"更正"、"颜色"和"艺术效果"按钮可以自由地调节图片的亮度、对比度、清晰度以及艺术效果，如图 4-8 和图 4-9 所示。

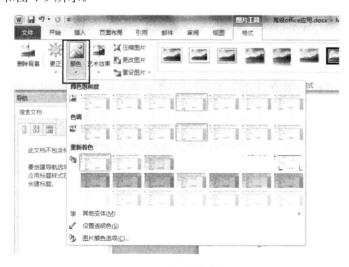

图 4-8　"颜色"按钮

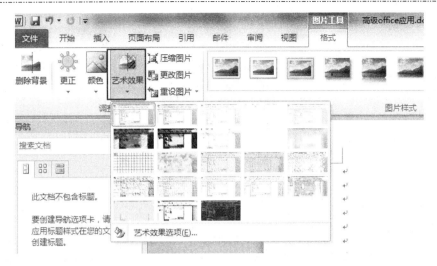

图 4-9　"艺术效果"按钮

2）设置图片大小

插入到文档中的图片大小有可能不符合要求，这时需要对图片的大小进行处理。

图片缩放：单击选中所插入的图片，图片周围即出现控制柄，用鼠标拖动图片边框上的控制柄可以快速调整其大小。如需对图片进行精确缩放，可以在"图片工具/格式"选项卡的"大小"选项组中单击"对话框启动器"按钮，打开如图 4-10 所示的"布局"对话框中的"大小"选项卡。在"缩放"选项区域中，选中"锁定纵横比"复选框，然后设置"高度"和"宽度"的百分比即可更改图片的大小。

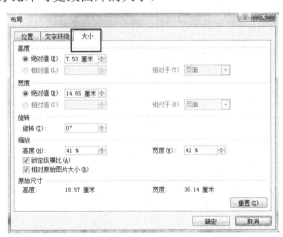

图 4-10　调整图片大小

3. 设置图片的文字环绕方式

环绕方式决定了图形之间以及图形与文字之间的交互方式。设置图片文字环绕方式的操作步骤如下：

(1) 选中要进行设置的图片，打开"图片工具"→"格式"选项卡。

(2) 单击"排列"选项组中的"自动换行"命令，在展开的下拉列表中选择某一种环绕方式，如图 4-11 所示。

(3) 也可以在"自动换行"下拉列表中单击"其他布局选项"命令。

图 4-11 "自动换行"下拉列表

一般情况下，默认的换行方式为嵌入型，此种方式无法自由移动图片，它的位置即插入之前光标的位置。

四周型环绕、紧密型环绕、穿越型环绕方式都可以随意移动图片的位置。上下型环绕的左右两边都没有文字的环绕。衬于文字下方，即图片作为一个底色区域来识别。浮于文字上方，则图片覆盖文字。如果多个图片想要重叠放置，或部分重叠放置，那么建议修改环绕方式为紧密型环绕。

4. 屏幕截图

屏幕截图的操作步骤如下：

(1) 在 Word 中新建一个文档，点击"插入"→"屏幕截图"按钮，如图 4-12 所示。

图 4-12 在文档中插入屏幕截图

(2) 在下拉菜单中可看到当前所有已开启的窗口缩略图，点击其中一个，即可将该窗口的完整截图自动插入到文档中。

快捷键截图：按 Ctrl+Alt+A 组合键可实现当前窗口的快捷截图。

通过裁剪可保留图片的有用区域，裁剪图片的操作步骤如下：

(1) 双击图片，激活功能区的"格式"选项卡，单击"裁剪"按钮，进入图片的裁剪模式。

(2) 将鼠标置于想要裁剪位置的黑线上，当鼠标形状有所变化时，按住鼠标左键拖动，拖动经过的区域即被裁剪掉。

也可以右击图片，从弹出的快捷菜单中选择"设置图片格式"命令，在"裁剪"选项卡中输入剪裁值，然后关闭即可。

5. 绘制图形

Word 中的绘图是指绘制一个或一组图形对象(包括形状、图表、流程图、线条和艺术字等),可以直接选用相应工具在文档中绘制,并通过颜色、边框或其他效果对其进行设置。

1) 绘制形状

(1) 单击功能区中的"插入"→"插图"组→"形状"按钮,在打开的列表中选择所需的图形。

(2) "形状库"中提供了各种线条、基本形状、箭头、流程图、标注以及星与旗帜等形状,如图 4-13 所示,在该列表中单击选择需要的图形形状。

图 4-13 形状库列表

(3) 在文档中按住鼠标左键拖动,即可绘制出一个指定大小的图形。

2) 改变形状

(1) 选择形状并单击功能区中的"格式"→"插入形状"→"编辑形状"按钮。

(2) 在弹出的菜单中选择"更改形状"命令,然后在打开的列表中选择其他形状;或选择"编辑顶点"命令,通过拖动顶点来改变图形形状。

3) 快速对齐多个形状

选择待对齐的多个图形,然后单击功能区的"格式"→"排列"→"对齐"按钮,在弹出的菜单中选择图形的对齐方式。

4) 在形状中添加文字

(1) 右击形状，从弹出的快捷菜单中选择"添加文字"命令，然后输入文字即可。

(2) 选中文字，单击"开始"→"字体"组，可设置添加文字的字体等。

5) 将多个形状组合成一个整体

选中待组合的图形，点击"格式"→"排列"→"组合"命令，所选的多个图形即可组合成一个整体。

6) 设置文本框随文字自动缩放

(1) 右击文本框的边框，在弹出的快捷菜单中选择"设置形状格式"命令，打开"设置形状格式"对话框。

(2) 选择"文本框"选项卡，在右侧勾选"根据文字调整形状大小"复选框，并取消勾选"形状中的文字自动换行"复选框，点击"确定"后改变文本框内文字大小，即可观察效果。

6. 使用智能图形 SmartArt

1) 创建 SmartArt 图形

单击文档中要放置 SmartArt 图形的位置，单击"插入"→"插图"→"SmartArt"按钮，打开对话框，在其列表中选择图形类型，点击"确定"即可，如图 4-14 所示。

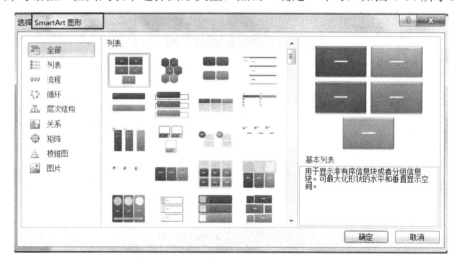

图 4-14　选择 SmartArt 图形

2) 调整 SmartArt 图形的结构

选择新的布局：选中插入的 SmartArt 图形，在"设计"→"布局"下拉列表中选择新的布局。

更改现有形状的等级：单击要改变等级的形状，单击"设计"→"创建图形"→"升级"或"降级"按钮，即可升级或降级所选择的形状。

3) 调整 SmartArt 图形的结构

添加新形状：选择 SmartArt 图形中的一个形状，然后单击功能区中的"设计"→"创建图形"→"添加形状"按钮，在弹出的菜单中选择添加形状的位置，即可添加新形状。

4) 在 SmartArt 图形中添加内容

单击功能区中的"设计"→"创建图形"→"文本窗格"按钮，打开显示在 SmartArt 图形左侧的文本窗格。

单击输入内容的文本框，在其中输入所需的内容后，按下方向键接着输入其他形状中的内容。也可以选择形状，右击选择"编辑文字"，在形状中输入文字。

5) 设置 SmartArt 图形的外观

单击选中 SmartArt 图形，激活功能区中的"设计"→"SmartArt 样式"选项卡，即可以在"SmartArt 样式"选项卡中为 SmartArt 图形选择整体外观设计方案。也可以右击 SmartArt 图形，选择"设置对象格式"对 SmartArt 图形进行自定义设置。

4.2　在文档中插入其他内容

1. 文档部件的使用

在 Word 中输入文章，经常遇到一些反复输入的句子或者段落，这时可以利用 Word 中的文档部件，即将经常用到的大段文字存储为文档部件，然后通过文档部件的插入来实现快速录入重复的文字。这种方法非常方便，是文字录入人员经常用到的方法技巧。

文档部件的设置步骤如下：

(1) 首先选中一段需要经常输入的大段文字，把它称为文档部件，如图 4-15 所示。

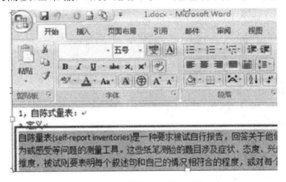

图 4-15　设置文档部件

(2) 点击菜单栏上的"插入"选项，如图 4-16 所示。

图 4-16　点击"插入"选项

(3) 在"插入"选项中，找到"文档部件"选项，如图 4-17 所示。

图 4-17　选择文档部件

(4) 在"文档部件"的下拉菜单中，选择"将所选内容保存到文档部件库"命令，如图 4-18 所示。

(5) 在弹出的"新建构建基块"对话框中选择系统默认的参数值，直接点击"确定"按钮，这样就保存了一个文档部件，如图 4-19 所示。

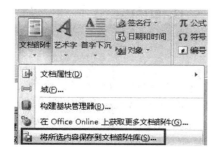

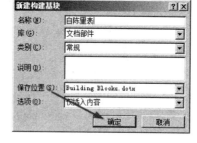

图 4-18　选择"将所选内容保存到文档部件库"　　　　图 4-19　设置"新建构建基块"

(6) 将光标放到想要输入这段文字的地方，如图 4-20 所示。

(7) 点击菜单栏上的"插入"选项，如图 4-21 所示。

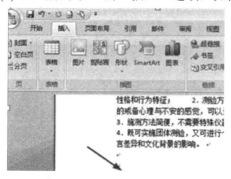

图 4-20　快速插入文档部件　　　　　　　　图 4-21　选择"插入"选项

(8) 在"插入"选项中点击"文档部件"，如图 4-22 所示。

图 4-22　点击"文档部件"

(9) 在"文档部件"的下拉菜单中，点击刚才保存的部件，可以看到这段文字就在下拉菜单中，直接单击就可以使用了，如图 4-23 所示。

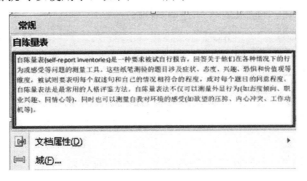

图 4-23 选择保存的文档部件

这样就可以迅速地输入这段文字了。我们还可以将经常用到的英语语句、单词、标点等存储为文档部件，以便下次迅速地输入。

2. 插入其他对象

1) 使用文本框

文本框是一种可移动位置、可调整大小的文字或图形容器。使用文本框，可以在一页上放置多个文字块内容，或使文字以不同于文档中其他文字的方式排布。

在文档中插入文本框的操作步骤如下：

(1) 打开"插入"选项卡，单击"文本"选项组中的"文本框"按钮，弹出可选文本框类型下拉列表，如图 4-24 所示。

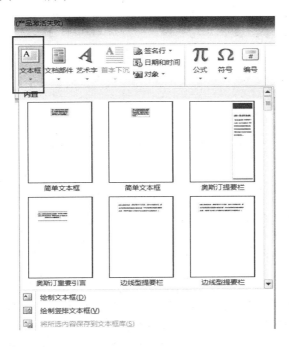

图 4-24 插入文本框

(2) 从列表的"内置"文本框样式中选择合适的文本框类型，所选文本框即插入到文档中的指定位置。

(3) 可直接在文本框中输入内容并进行编辑。

(4) 利用"绘图工具"→"格式"选项卡上的各类工具，可对文本框及其中的内容进行设置。其中，通过"文本"组中的"创建链接"按钮，可在两个文本框之间建立链接关系，使得文本在其间自动传递。

2) 插入艺术字

以艺术字的效果呈现文本，可以有更加亮丽的视觉效果。在文档中插入艺术字的操作步骤如下：

(1) 在文档中选择需要添加艺术字效果的文本，或者将光标定位于需要插入艺术字的位置。

(2) 打开"插入"选项卡，单击"文本"选项组中的"艺术字"按钮，打开艺术字样式列表，如图 4-25 所示。

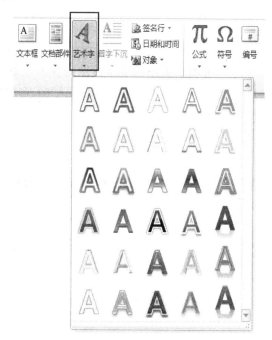

图 4-25　在文档中插入艺术字

(3) 从列表中选择一个艺术字样式，即可在当前位置插入艺术字文本框。

(4) 在艺术字文本框中编辑或输入文本。通过"绘图工具"→"格式"选项卡中的各项工具，可对艺术字的形状、样式、颜色、位置及大小进行设置。

3) 插入图表

图表可将表格中的数据图示化，增强其可读性。在文档中插入图表的操作步骤如下：

(1) 在文档中将光标定位于需要插入图表的位置。

(2) 打开"插入"选项卡，单击"插图"选项组中的"图表"按钮，打开如图 4-26 所示的"插入图表"对话框。

(3) 选择合适的图表类型,如"柱形图",单击"确定"按钮,自动进入 Excel 工作表窗口。

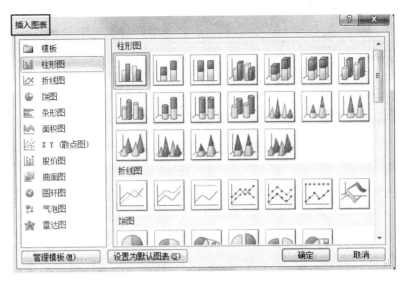

图 4-26 "插入图表"对话框

(4) 在指定的数据区域中输入生成图表的数据源,拖动数据区域的右下角可以改变数据区域的大小,同时在 Word 文档中显示相应的图表,如图 4-27 所示。

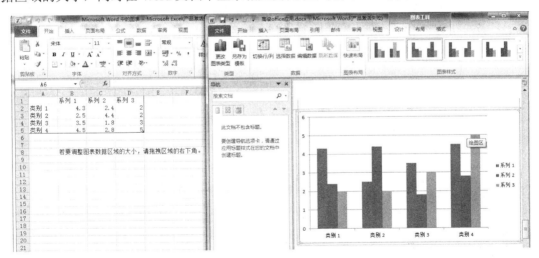

图 4-27 在 Word 文档中插入图表

(5) 先退出 Excel,然后在 Word 文档中通过"图表工具"下的"设计"、"布局"和"格式"等 3 个选项卡对插入的图表进行各项设置。

3. 符号与数学公式的输入与编辑

在文档中输入符号与数学公式的操作步骤如下:

(1) 将插入点定位到要输入公式和符号的位置,单击"插入"→"符号"→"公式"按钮,如图 4-28 所示。

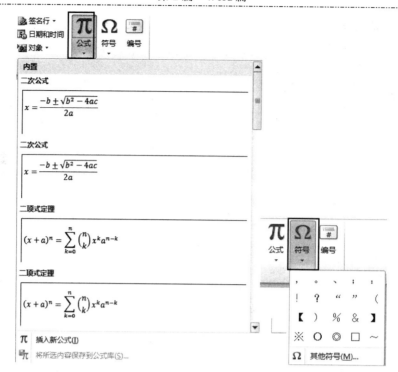

图 4-28　在文档中插入公式与符号

(2) 在弹出的菜单中选择"插入新公式"命令，则在文档中自动插入了公式编辑器。

(3) 激活功能区中的"设计"选项卡，在该选项卡中显示了可用的公式编辑工具。

第5章　文档的编辑与管理

在 Word 文档的编辑中，需要对正文进行页面分布设置、页眉/页脚设置及修订审阅等设置，这些编辑设置大大提升了文档的整体呈现效果。

5.1　文档的分栏、分页和分节操作

文档中的分页、分节和分栏操作，可以使文档的版面更加多样化，布局更加合理有效。

1. 分栏

有时候文档一行中的文字太长，不便于阅读，此时就可以利用分栏功能将文本分为多栏排列，使版面的呈现更加生动。在文档中创建多栏的操作步骤如下：

(1) 首先在文档中选择需要分栏的文本内容，如果不选择，将对整个文档进行分栏设置。

(2) 在"页眉布局"选项卡的"页面设置"选项组中，单击"分栏"按钮。

(3) 从弹出的下拉列表中，选择一种预定义的分栏方式，以迅速实现分栏排版，如图 5-1 所示。

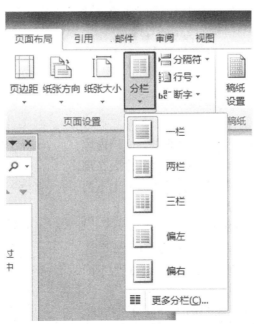

图 5-1　预定义分栏方式

(4) 如需对分栏进行更为具体的设置，可以在弹出的下拉列表中执行"更多分栏"命令，打开如图 5-2 所示的"分栏"对话框进行设置。

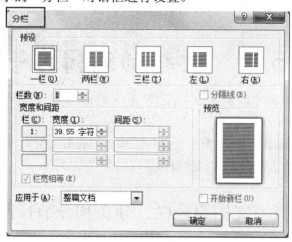

图 5-2 "分栏"对话框

(5) 在"栏数"微调框中设置所需的分栏数值。

(6) 在"宽度和间距"选项区域中设置栏宽和栏间的距离，只需在相应的"宽度"和"间距"微调框中输入数值即可改变栏宽和栏间距。

(7) 如果选中了"栏宽相等"复选框，则在"宽度和间距"选项区域中自动计算栏宽，使各栏宽度相等。如果选中了"分隔线"复选框，则在栏间插入分隔线，使得分栏界限更加清晰、明了。

(8) 若在分栏前未选中文本内容，则可在"应用于"下拉列表框中设置分栏效果作用的区域。

(9) 设置完毕，单击"确定"按钮即可完成分栏排版。

如果需要取消分栏布局，只需在"分栏"下拉列表中选择"一栏"选项即可。

2. 分页

1) 手动分页

一般情况下，Word 文档是自动分页的，文档内容到页尾时会自动排布到下一页。但如果为了排版布局需要，可能会单纯地将文档内容从中间划分为上下两页，这时可在文档中插入分页符，操作步骤如下：

(1) 将光标置于需要分页的位置。

(2) 在"页面布局"选项卡上的"页眉设置"选项组中，单击"分页符"按钮，打开如图 5-3 所示的分页符和分节符选项列表。

(3) 单击"分页符"命令集中的"分页符"按钮，即可将光标后的内容布局到一个新页面中，分页符前

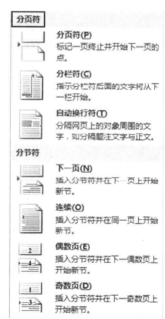

图 5-3 分页符和分节符

后设置的属性及参数均保持一致。

2）文档分节

不同的文档部分通常会另起一页开始，很多人习惯用加入多个空行的方法使新的部分另起一页，这种做法会导致修改文档时重新排版，从而增加了工作量，降低了工作效率。借助 Word 的分页或分节操作，可以有效划分文档内容的布局，从而使文档排版工作简洁高效。

插入分页，其实就是插入一个分页符，可以从当前光标的位置设置两个页面，如果使用回车分页容易造成格式改变，而使用分页符的话，则可以避免这样的问题，因为插入了分页符之后，两个页面就成为独立的页面。

当希望文档的某一部分从新的一页开始时，需要从新的一页开始的字符前插入分页符，以保证光标的跨页定位。如：封面后插入分页符，就保证了"声明"总从新的一页开始。"声明"前、"目录"前、各章节前和"参考文献"前都可以加分页符，如图 5-4 所示。

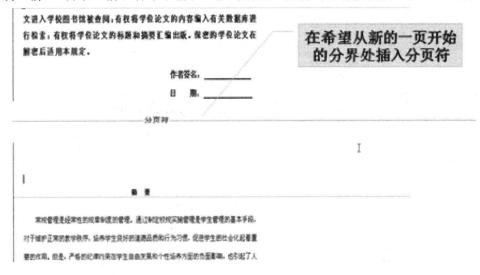

图 5-4　从新的一页开始的分界处插入分页符

软分页：当文档排满一页时，Word 会按照用户所设定的纸型、页边距及字体大小等，自动对文档进行分页处理，在文档中插入一条单点虚线组成的软分页符(普通视图)。

硬分页：按键盘上的 Ctrl + Enter 键可实现硬分页。

3．分节符

进行 Word 文档排版时，经常需要对同一个文档中的不同部分采用不同的版面设置，例如：设置不同的页面方向、页边距、页眉和页脚，或重新分栏排版等。这时，如果通过"文件"菜单中的"页面设置"来改变其设置，则会引起整个文档所有页面的改变，这时就需要对 Word 文档进行分节。

1）插入分节符的情况

封面、声明、目录页一般不标注页码。在需要和不需要页码的分界处插入分节符，如图 5-5 所示。

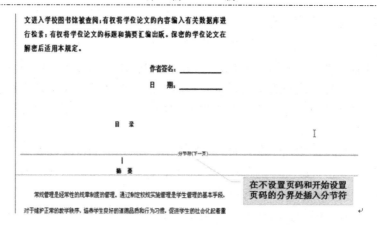

图 5-5　在不设置页码和开始设置页码的分界处插入分节符

在需要设置不同的页码格式(如阿拉伯数字和罗马数字)或分段页码(如各章的页码都从 1 开始)的分界处插入分节符，如图 5-6 所示。

图 5-6　在需要设置不同数字格式页码的分界处插入分节符

在需要进行不同页面设置 (如插入的表格需要页面由纵向变为横向，而表格结束后又需要将页面恢复为纵向)的分界处插入分节符，如图 5-7 所示。

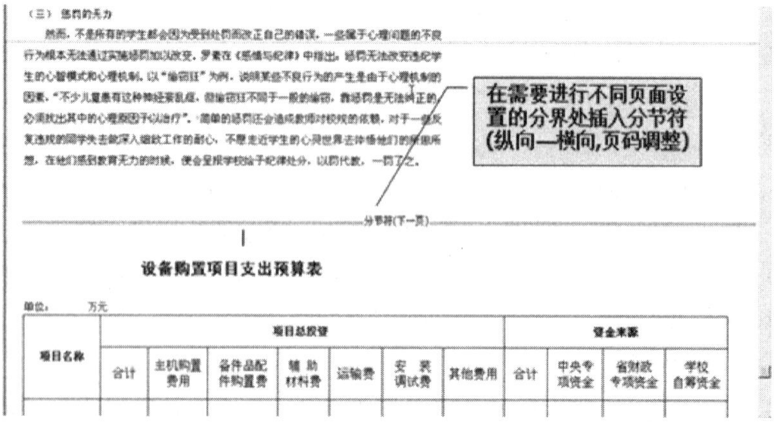

图 5-7　在需要进行不同页面设置的分界处插入分节符

2) 分节符类型

下一页：在插入此分节符的地方，Word 会强制分页，新的"节"从下一页开始。如果要在不同页面上分别应用不同的页码样式、页眉和页脚文字，以及想改变页面的纸张方向、纵向对齐方式或者纸型，应该使用这种分节符。

连续：插入"连续"分节符后，文档不会被强制分页，主要是帮助用户在同一页面上创建不同的分栏样式或不同的页边距大小。尤其是当我们要创建报纸样式的分栏时，更需要连续分节符的帮助。

奇数页：在插入"奇数页"分节符之后，新的一节会从其后的第一个奇数页面开始(以页码编号为准)。在编辑长篇文稿，尤其是书稿时，人们一般习惯将新的章节题目排在奇数页，此时即可使用"奇数页"分节符。注意：如果上一章节结束的位置是一个奇数页，也不必强制插入一个空白页。在插入"奇数页"分节符后，Word 会自动在相应位置留出空白页。

偶数页：偶数页分节符的功能与奇数页的类似，只是后面的一节从偶数页开始，在此不再赘述。

5.2　文档页眉、页脚的设置

页眉一般出现在每一页的顶端，页脚一般出现在每一页的底端。页眉和页脚中通常包含一些页码、制作日期、章节标题和作者姓名等信息。

1. 插入页眉和页脚

在 Word 2010 中，不仅可以在文档中轻松地插入、修改预设的页眉或页脚样式，还可以创建自定义外观的页眉或页脚，并将新的页眉或页脚保存到样式库中以便在其他文档中使用。

1) 插入预设的页眉或页脚

在整个文档中插入预设的页眉或页脚的操作方法十分相似，操作步骤如下：

(1) 打开"插入"选项卡，在"页眉和页脚"选项组中单击"页眉"按钮。

(2) 在打开的"页眉库"列表中以图示的方式罗列出许多内置的页眉样式，如图 5-8 所示。从中选择一个合适的页眉样式，例如"奥斯汀"，所选页眉样式就被应用到文档中的每一页。

(3) 在页眉位置输入相关内容并进行格式化，如插入页码、图形、图片等。

同样，在"插入"选项卡的"页眉和页脚"选项组中，单击"页脚"按钮，如图 5-9 所示，在打开的内置"页脚库"列表中选择合适的页脚设计，即可将其插入到整个文档中。

在文档中插入页眉或页脚后，自动出现"页眉和页脚工具"中的"设计"选项卡，通过该选项卡可对页面或页脚进行编辑和修改。单击"关闭"选项组中的"关闭页眉和页脚"按钮，即可退出页眉和页脚编辑状态。

在页眉或页脚区域中双击鼠标，即可快速进入到页眉和页脚的编辑状态。

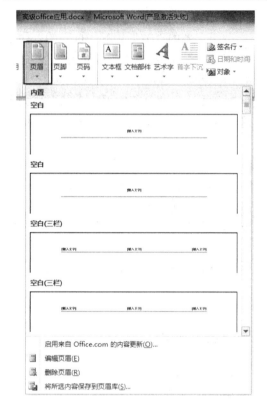

图 5-8　选择适当的内置页眉样式　　　　　图 5-9　选择适当的内置页脚类型

2) 创建首页不同的页眉和页脚

如果希望将文档首页的页眉和页脚设置得与众不同，操作步骤如下：

(1) 双击文档中的页眉或页脚区域，功能区自动出现"页眉和页脚工具/设计"选项卡，如图 5-10 所示。

图 5-10　"页眉和页脚工具/设计"选项卡

(2) 在"选项"选项组中单击选中"首页不同"复选框，此时文档首页中原先定义的页眉和页脚就被删除了，可以根据需要另行设置页眉或页脚。

3) 为奇偶页创建不同的页眉或页脚

有时一个文档中的奇偶页上需要使用不同的页眉或页脚。例如，在制作书籍资料时选择在奇数页上显示书籍名称，而在偶数页上显示章节标题。令奇偶页具有不同的页眉或页脚的操作步骤如下：

(1) 双击文档中的页眉或页脚区域，功能区中自动出现"页眉和页脚工具/设计"选项卡。

(2) 在"选项"选项组中单击选中"奇偶页不同"复选框。

(3) 分别在奇数页和偶数页的页眉或页脚上输入内容并格式化,以创建不同的页眉或页脚。

4) 为文档创建不同的页眉或页脚

当文档分为若干节时,可以为文档的各节创建不同的页眉或页脚,例如可以给一个长篇文档的"目录"与"内容"两部分应用不同的页脚形式。为不同节创建不同的页眉或页脚的操作步骤如下:

(1) 先将文档分节,然后将鼠标光标定位在某一节的某一页上。

(2) 在该页的页眉或页脚区域中双击鼠标,进入页眉和页脚编辑状态。

(3) 插入页眉或页脚内容并进行相应的格式化。

(4) 在"页眉和页脚工具/设计"选项卡上的"导航"选项组中,单击"上一节"或"下一节"按钮,进入其他节的页眉或页脚中。

(5) 默认情况下,下一节自动接受上一节的页眉页脚信息。在"导航"选项组中单击"链接到前一条页眉"按钮,可以断开当前节与前一节中的页眉(或页脚)之间的链接,页眉和页脚区域将不再显示"与上一节相同"的提示信息,此时修改本节页眉和页脚信息不会再影响前一节的内容。

(6) 编辑修改新节的页眉或页脚信息。在文档正文区域中双击鼠标即可退出页眉页脚编辑状态。

2. 删除页眉或页脚

删除文档中页眉或页脚的方法很简单,操作步骤如下:

(1) 单击文档中任意位置定位光标,在功能区中打开"插入"选项卡。

(2) 在"页眉和页脚"选项组中单击"页眉"按钮。

(3) 在弹出的下拉列表中执行"删除页眉"命令,即可将当前节的页眉删除。

(4) 在"插入"选项卡的"页眉和页脚"选项组中单击"页脚"按钮,在弹出的下拉列表中执行"删除页脚"命令,即可删除当前节的页脚。

3. 页码

页码一般是插入到文档的页眉和页脚位置的,如果有必要,也可以将其插入到文档中。Word 提供有一组预设的页码格式,也可以自定义页码。利用插入页码功能插入的实际上是一个域而非单纯数码,因为它是可以自动变化和更新的。

1) 插入预设页码

插入预设页码的操作步骤如下:

(1) 在"插入"选项卡上单击"页眉和页脚"选项组中的"页码"按钮,打开可选位置下拉列表。

(2) 光标指向希望页码出现的位置,如"页边距",右侧出现预置页码格式列表,如图5-11 所示。

(3) 从中选择某一种页码格式,页码即按照指定格式插入到指定位置。

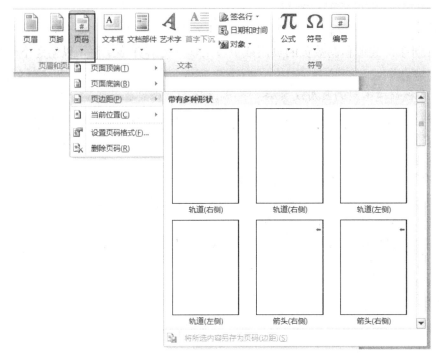

图 5-11 插入页码

2) 自定义页码格式

插入自定义页码格式的操作步骤如下：

(1) 首先在文档中插入页码，将光标定位在需要修改页码格式的节中。

(2) 在"插入"选项卡上单击"页眉和页脚"选项组中的"页码"按钮，打开下拉列表。

(3) 单击其中的"设置页码格式"命令，打开如图 5-12 所示的"页码格式"对话框。

(4) 在"编号格式"下拉列表中更改页码的格式，在"页码编号"选项组中可以修改某一节的起始页码。

(5) 设置完毕，单击"确定"按钮即可。

图 5-12 "页码格式"对话框

5.3 文档内容引用操作

在文档的编辑过程中，文档的脚注、尾注、题注等引用信息非常重要，这类信息的添加可以使文档的引用内容和关键内容得到有效的组织，并可随着文档内容的更新而自动更新。

1. 插入脚注和尾注

脚注和尾注一般用于在文档和书籍中显示引用资料的来源，或者用于输入说明性或补充性信息。脚注位于当前页面的底部或指定文字的下方，而尾注则位于文档的结尾处或者指定节的结尾。脚注和尾注均通过一条短横线与正文隔开，二者均包含注释文本，该注释文本位于页眉的结尾处或者文档的结尾处，且都比正文文本的字号小一些。

在文档中插入脚注或尾注的操作步骤如下：

(1) 在文档中选择需要添加脚注或尾注的文本，或者将光标置于文本的右侧。

(2) 在功能区的"引用"选项卡，单击"脚注"选项组中的"插入脚注"按钮，即可在该页面的底端加入脚注区域；单击"插入尾注"按钮，即可在文档的结尾加入尾注区域。

(3) 在脚注或尾注区域中输入注释文本，如图 5-13 所示。

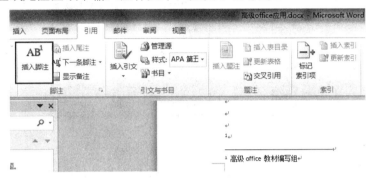

图 5-13　在文档中插入脚注

(4) 单击"脚注"选项组右下角的"对话框启动器"按钮，打开如图 5-14 所示的"脚注和尾注"对话框，可对脚注或尾注的位置、格式及应用范围等进行设置。

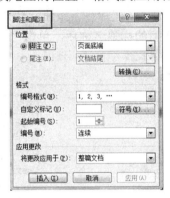

图 5-14　"脚注和尾注"对话框

当插入脚注或尾注后，不必向下滚到页眉底部或文档结尾处，只需将鼠标指针停留在文档中的脚注或尾注引用标记上，注释文本就会出现在屏幕提示中。

2. 插入题注

题注是一种可以对文档中的图表、表格、公式或其他对象进行添加的编号标签，如果在文档的编辑过程中对题注执行了添加、删除或移动操作，则可以一次性更新所有题注编号，而不需要再进行单独调整。

在文档中定义并插入题注的操作步骤如下：

(1) 定位光标到文档中需要添加题注的位置。例如一张图片下方的说明文字之前。

(2) 在"引用"选项卡上,单击"题注"选项组中的"插入题注"按钮,打开如图 5-15 所示的"题注"对话框。

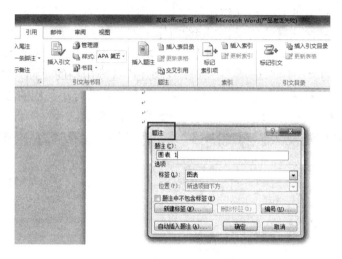

图 5-15 "题注"对话框

(3) 在"标签"下拉列表中,根据添加题注的不同对象选择不同的标签类型。

(4) 单击"编号"按钮,打开如图 5-16 所示的"题注编号"对话框,在"格式"下拉列表中可重新指定题注编号的格式。如果选中"包含章节号"复选框,则可以在题注前自动增加标题序号,单击"确定"按钮完成编号设置。

(5) 单击"题注"对话框中的"新建标签"按钮,打开如图 5-17 所示"新建标签"对话框,在"标签"文本框中输入新的标签名称后,单击"确定"按钮。

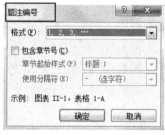 

图 5-16 "题注编号"对话框　　　　图 5-17 "新建标签"对话框

(6) 所有的设置均完成后单击"确定"按钮,即可将题注添加到相应的文档位置。

3. 创建书目

写作论文时,结尾通常需要列出参考文献,通过创建书目功能可实现这一效果。书目是在创建文档时参考或引用的源文档的列表,通常位于文档的末尾。在 Word 2010 中,需要先组织源信息,然后根据为该文档提供的源信息自动生成书目。

1) 创建书目源信息

源可能是一本书、一篇报告或一个网站等,当在文档中添加新的引文的同时即新建了一个可显示于书目的源。创建源的操作步骤如下:

(1) 在"引用"选项卡上的"引文与书目"组中,单击"样式"旁边的下三角箭头,从图 5-18 所示的源样式列表中选择要用于引文和源的样式。

(2) 在要引用的句子或短语的末尾处单击鼠标。

(3) 在"引用"选项卡上的"引文与书目"组中，单击"插入引文"按钮，从下拉列表中单击"添加新源"命令，打开"创建源"对话框。在该对话框中输入作为源的书目信息，如图 5-19 所示。

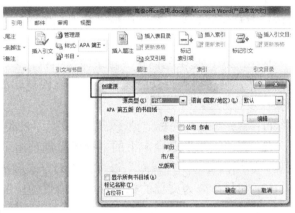

图 5-18 选择源样式　　　　　　　　　　图 5-19 "创建源"对话框

(4) 单击"确定"按钮，创建源信息条目的同时完成插入引文的操作。

2) 创建书目

向文档中插入一个或多个源信息后，便可以随时创建书目。创建书目的操作步骤如下：

(1) 在文档中单击需要插入书目的位置，通常位于文档的末尾。

(2) 在"引用"选项卡上的"引文与书目"组中，单击"书目"按钮，打开如图 5-20 所示的书目样式列表。

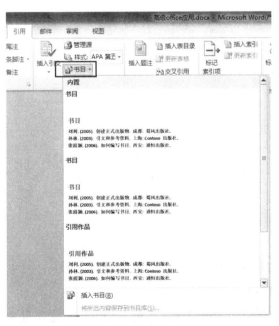

图 5-20 书目样式列表

(3) 从书目样式列表中单击一个内置的书目格式，或者直接选择"插入书目"命令，即可将书目插入文档。

4. 创建文档目录

目录通常是长篇文档不可或缺的一项内容，它列出了文档中的各级标题及其所在的页码，便于文档阅读者快速检索、查阅到相关内容。自动生成目录时，最重要的准备工作是为文档的各级标题应用样式，最好是内置标题样式。

1) 利用目录样式创建目录

Word 2010 提供的内置"目录库"中包含多种目录样式供选择，可代替编制者完成大部分工作，使得插入目录的操作变得异常快捷、简便。在文档中使用"目录库"创建目录的操作步骤如下：

(1) 首先将鼠标光标定位于需要建立目录的位置，通常是文档的最前面。

(2) 在"引用"选项卡上的"目录"选项组中，单击"目录"按钮，打开目录库下拉列表，系统内置的"目录库"以可视化的方式展示了许多目录的编排方式和显示效果。

(3) 如果事先为文档的标题应用了内置的标题样式，则可从列表中选择某一种"自动目录"样式，Word 2010 就会自动根据所标记的标题在指定位置创建目录，如图 5-21 所示。如果未使用标题样式，则可单击"手动目录"样式，然后自行填写目录内容。

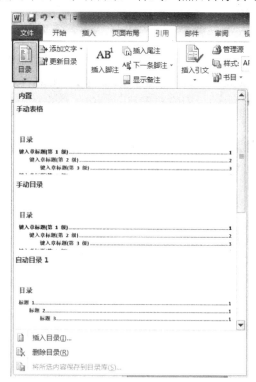

图 5-21 通过"目录库"在文档中插入目录

2) 自定义目录格式

除了直接调用目录库中的现成目录样式外，还可以自定义目录格式，特别是在文档标题应用了自定义后，自定义目录变得更加重要。自定义目录格式的操作步骤如下：

(1) 首先将鼠标光标定位于需要建立目录的位置，通常是文档的最前面。

(2) 在"引用"选项卡上的"目录"选项组中，单击"目录"按钮。

(3) 在弹出的下拉列表中选择"插入目录"命令，打开如图 5-22 所示的"目录"对话框。在该对话框中可以设置页码格式、目录格式以及目录中的标题显示级别等，默认显示 3 级标题。

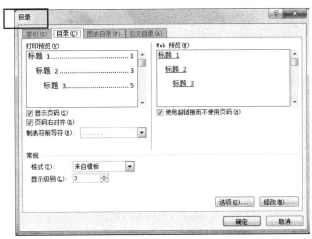

图 5-22　"目录"对话框

(4) 在"目录"选项卡中单击"选项"按钮，打开如图 5-23 所示的"目录选项"对话框，在"有效样式"区域中列出了文档中使用的样式，包括内置样式和自定义样式。在"目录级别"文本框中输入目录的级别(可以输入 1 到 9 中的一个数字)，以指定样式所代表的目录级别。如果希望仅使用自定义样式，则可删除内置样式的目录级别数字，例如删除"标题 1"、"标题 2"和"标题 3"样式名称旁边的代表目录级别的数字。

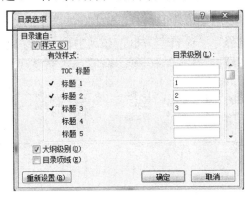

图 5-23　"目录选项"对话框

(5) 当有效样式和目录级别设置完成后，单击"确定"按钮，关闭"目录选项"对话框。

(6) 返回到"目录"对话框后，可以在"打印预览"和"Web 预览"区域中看到创建目录时使用的新样式设置。如果正在创建的文档将用于在打印页上阅读，那么在创建目录时应包括标题和标题所在页面的页码，即选中"显示页码"复选框，以便快速翻到特定页面。如果创建的是用于联机阅读的文档，则可以将目录各项的格式设置为超链接，即选中

"使用超链接而不使用页码"复选框,以便读者可以通过单击目录中的某项标题转到对应的内容。最后,单击"确定"按钮完成所有设置。

3) 更新目录

目录是以域的方式插入到文档中的。如果在创建目录后,又添加、删除或更改了文档中的标题或其他目录项,可以按照如下操作步骤更新文档目录:

(1) 在"引用"选项卡上的"目录"选项组中,单击"更新目录"按钮;或者在目录区域中单击鼠标右键,从弹出的快捷菜单中选择"更新域"命令,打开如图 5-24 所示的"更新目录"对话框。

(2) 在该对话框中选中"只更新页码"单选按钮或者"更新整个目录"单选按钮,然后单击"确定"按钮即可按照指定要求更新目录。

图 5-24　"更新目录"对话框

(3) 单击"确定"按钮完成目录的更新。

5.4　文档审阅和修订

1. 审阅文档

Word 提供了审阅文档的功能,它主要包括两方面,一是文档审阅者可通过为文档添加批注的方式,对文档的某些内容提出自己的看法和建议,而文档原作者可据此决定是否修改文档;二是文档审阅者在文档修订模式下修改原文档,而文档作者可决定是拒绝还是接受修订。

1) 对文档内容进行批注

对内容进行批注:选择要添加批注的内容,单击功能区中的"审阅"→"批注"组→"新建批注"按钮,在文档右侧显示一个红色方框,在其中输入批注内容即可,如图 5-25 所示。

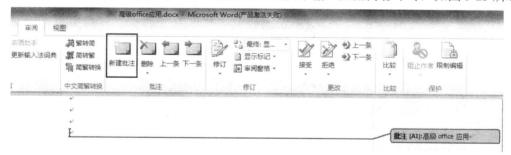

图 5-25　为文档添加批注

2) 隐藏和显示批注

在打开批注的同时,菜单栏上会同时出现一个"审阅"工具栏,用于调整或修改批注。若要隐藏文章中的批注,单击"审阅"工具栏"显示标记"旁边的下拉三角按钮,然后单击将"批注"前面的勾取消即可隐藏,如图 5-26 所示。此时,文中所有批注就会隐藏起来,若需要它们再次显示,只需将"审阅"→"显示标记"→"批注"前面的勾打上即可重新恢复显示。

图 5-26 隐藏和显示批注

3) 浏览文档中的批注

单击功能区中的"审阅"→"批注"组→"上一条"或"下一条"按钮，Word 会自动从当前插入点开始向上或向下查找批注，并自动进入批注的编辑状态。

4) 删除批注

删除批注的方法非常简单，只需右键单击文章加以批注的地方，然后在弹出的右键菜单中选择"删除批注"即可删除。

单击功能区中的"审阅"→"批注"组→"删除"按钮，在弹出的菜单中选择"删除文档中所有批注"命令，如图 5-27 所示。

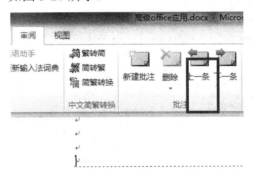

图 5-27 删除批注

2. 修订文档

在修订状态下修改文档时，Word 应用程序将跟踪文档中所有内容的变化状况，同时会把当前文档中修改、删除、插入的每一项内容都标记下来。

1) 开启修订状态

默认情况下，修订处于关闭状态。开启修订并标记修订过程的操作步骤如下：

(1) 打开要修订的文档，在功能区的"审阅"选项卡上单击"修订"选项组中的"修订"按钮，使其处于按下状态，当前文档即进入修订状态，如图 5-28 所示。

图 5-28   开启文档修订状态

(2) 在修订状态下对文档进行编辑修改，此时直接插入的文档内容会通过颜色和下划线标记下来，删除的内容可以在右侧的页边空白处显示出来，所有修订动作都会在右侧的修订区域中进行记录。

2) 更改修订选项

当多人同时参与对同一文档的修订时，将通过不同的颜色区分不同修订者的修订内容，从而可以很好地避免由于多人参与文档修订而造成的混乱局面。为了更好地区分不同的修订内容，可以对修订样式进行自定义设置，具体的操作步骤如下：

(1) 在"审阅"选项卡上的"修订"选项组中，单击"修订"按钮旁边的向下箭头，从打开的下拉列表中选择"修订选项"命令，打开"修订选项"对话框，如图 5-29 所示。

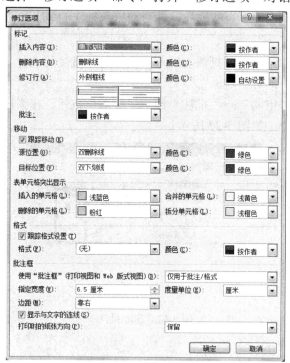

图 5-29   "修订选项"对话框

(2) 在"标记"、"移动"、"表单元格突出显示"、"格式"、"批注框"等 5 个选项区域中，可以根据自己的浏览习惯和具体需求设置修订内容的显示情况。

3) 设置修订的标记及状态

(1) 更改修订者名称：在"审阅"选项卡上的"修订"选项组中，单击"修订"按钮旁边的向下箭头，从打开的下拉列表中选择"更改用户名"命令，进入 Office 后台视图，在"用户名"文本框中输入新名称即可，如图 5-30 所示。

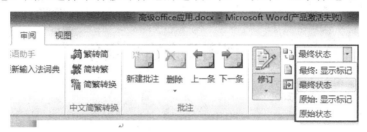

图 5-30　更改用户名

(2) 设置修订状态：在"审阅"选项卡上的"修订"选项组中，单击"修订状态"按钮，从打开的下拉列表中选择一种查看文档修订建议的方式，如图 5-31 所示。如需在文档中查看修订信息，则应选择带有修订标记的选项，如"最终：显示标记"。

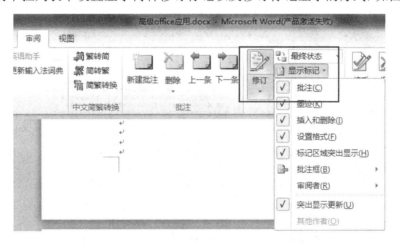

图 5-31　设置修订状态

(3) 设置显示标记：在"审阅"选项卡上的"修订"选项组中，单击"显示标记"按钮，从打开的下拉列表中设置显示何种修订标记以及修订标记显示的方式，如图 5-32 所示。

图 5-32　设置显示标记

4) 退出修订状态

当文档处于修订状态时，再次在"审阅"选项卡上单击"修订"选项组中的"修订"按钮，使其恢复弹起状态，即可退出修订状态。

第 6 章　快速编辑文档

视图操作及多窗口操作为文档打印提供了直接性的可视化操作界面。此外，在输出内容的操作方面，Word 还提供了针对主文档的固定内容，插入与发送信息相关的一组数据，批量生成需要的邮件文档，大大提高了工作效率。

6.1　视图及多窗口操作

1. Word 2010 视图模式

1) 页面视图

页面视图用于显示 Word 2010 文档的打印结果外观，主要包括"页眉"、"页脚"、"图形对象"、"分栏设置"、"页面边距"等元素，如图 6-1 所示是最接近打印结果的页面视图。

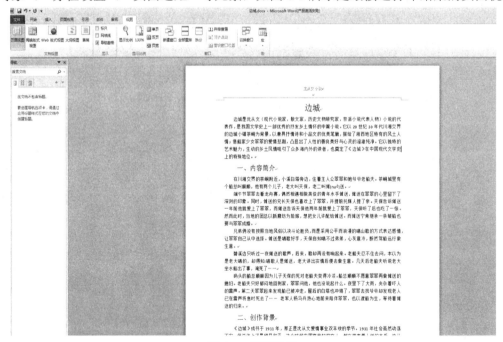

图 6-1　页面视图

2) 阅读版式视图

阅读版式视图以图书的分栏样式显示 Word 2010 文档。在该视图下，"文件"按钮、"功能区"等窗口元素被隐藏起来。在阅读版式视图中，用户还可以单击"工具"按钮选择各种阅读工具，如图 6-2 所示。

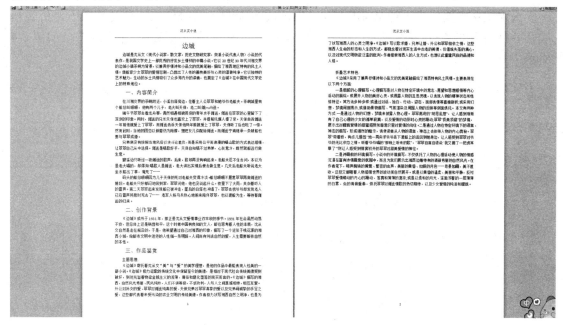

图 6-2　阅读版式视图

3) Web 版式视图

Web 版式视图以网页的形式显示 Word 2010 文档，该视图适用于发送电子邮件和创建网页，如图 6-3 所示。

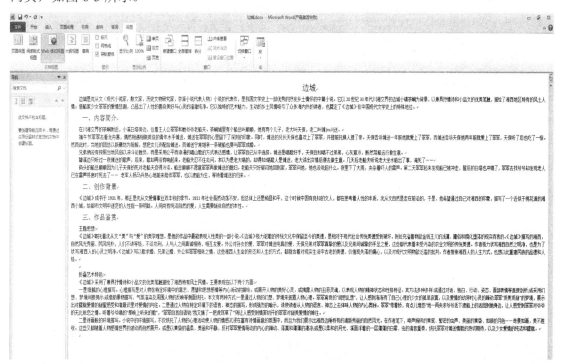

图 6-3　Web 版式视图

4) 大纲视图

大纲视图主要用于设置 Word 2010 文档和显示标题的层级结构，这种视图方便折叠和展开各种层级的文档。大纲视图广泛用于 Word 2010 长文档的快速浏览和设置中，如图 6-4 所示。

图 6-4　大纲视图

5) 草稿视图

草稿视图取消了页面边距、分栏、页眉、页脚和图片等元素，仅显示标题和正文，是最节省计算机系统硬件资源的视图方式。当然现在计算机系统的硬件配置都比较高，基本上不存在由于硬件配置偏低而使 Word 2010 运行遇到障碍的问题，如图 6-5 所示。

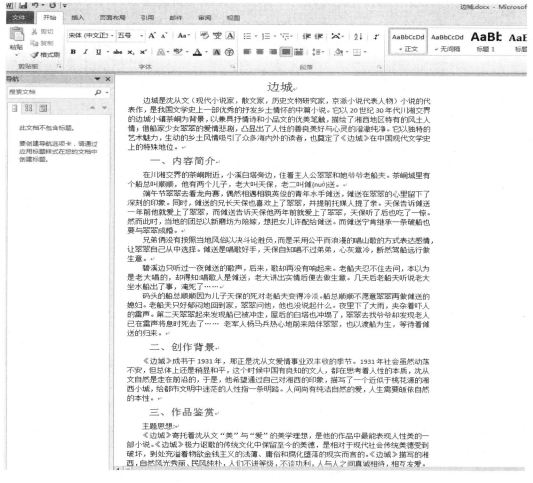

图 6-5　草稿视图

2. 多窗口操作

1) 多窗口显示

在默认环境下，当同时打开多个 Word 文档时，这些文档在任务栏上的显示是多窗口重叠显示的，如图 6-6 所示。

图 6-6　多窗口显示

当需要查看某篇文档时，只需点击相应文档即可，如单击图 6-6 中的"边城原文.docx"，即可打开此文档，如图 6-7 所示。

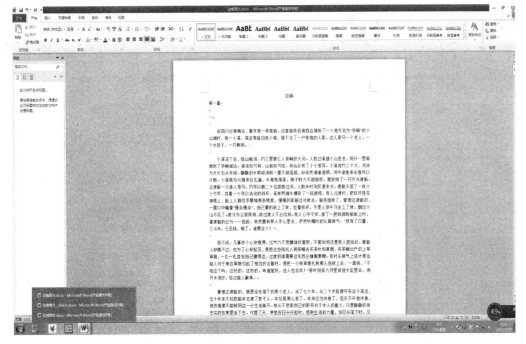

图 6-7　查看单个文档

　　小技巧："多窗口显示"时，"任务栏"有两种显示状态，一种是"重叠显示多窗口"，一种是"平铺显示多窗口"。切换方法为：在任务栏单击右键，在弹出的快捷菜单中选择"属性"，打开"任务栏和[开始]菜单属性"窗口，在"任务栏按钮"选项中选择"从不合并"则各个同一格式的各窗口会平铺显示；选择"始终合并、隐藏标签"则各个同一格式的各窗口会重叠显示，如图 6-8 所示。

图 6-8　显示状态设置

　　2) 单窗口多页面显示

　　打开多个 Office 2010 文件时，在任务栏上面可以单窗口多页面显示，但是默认方式下并未启用相应功能。实现这一功能的操作步骤如下：

　　(1) 鼠标单击 Word 2010 界面左上角的"文件"菜单，在弹出的级联菜单中单击"选项"菜单，即可打开"Word 选项"窗口，如图 6-9 所示。

图 6-9 多窗口页面显示

(2) 在"Word 选项"窗口中单击"高级"选项，即可进行高级设置。

(3) 移动右侧滚动条至中部"显示"选项下，勾选"在任务栏中显示所有窗口"选项，单击"确定"按钮即可。

实现"单窗口多页面"显示后，打开的各个文档都显示在 Word 2010 文档的界面中，可以调整各文档窗口的位置和大小，并对各窗口中的内容进行查看、编辑、保存等操作，而在任务栏只显示一个 Word 文档图标，如图 6-10 所示。

图 6-10 单窗口多页面显示

3) 多个窗口并排查看、拆分和切换

Word 2010 文档编辑程序中具有多个"文档窗口"并排查看的功能。通过多个窗口并排查看，可以对不同窗口中的内容进行比较。

(1) 打开 Word 文档"边城原文.docx"和"边城赏析.docx",如图 6-11 所示。

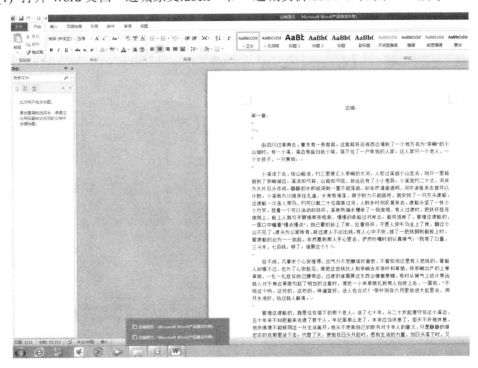

图 6-11　边城原文

(2) 切换到"视图"菜单,在"窗口"选项卡中单击"全部重排"按钮,即可实现"边城原文"和"边城赏析"两个文档以上下结构的形式显示在屏幕上,用户可同时看到两个文档的内容,如图 6-12 所示。

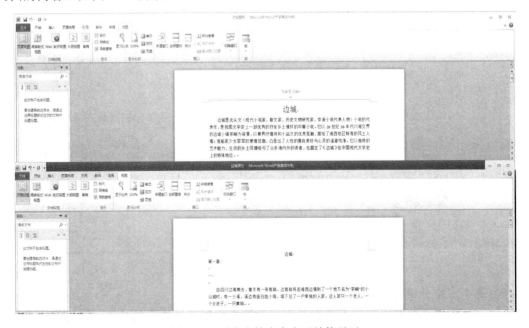

图 6-12　两个文档内容上下结构显示

(3) 在"窗口"选项卡中单击"并排查看"按钮，两个窗口将左右并排显示，如图 6-13 所示。

图 6-13　两个文档内容左右结构显示

进行第三步操作时，"视图"菜单中"窗口"选项卡中的"并排查看"按钮和"同步滚动"按钮在默认状态下呈按下状态，此时，若两个窗口任一窗口滑动滚动条，两窗口的内容会同时滚动。若单击"同步滚动"按钮，取消同步滚动的按下状态，两窗口就变为相互独立的，此时，可单独查看其中一个文档中的内容。

"视图"菜单中的"窗口"选项卡中"重设窗口位置"按钮的作用是使打开的窗口平分屏幕，如图 6-14 所示。

图 6-14　平分屏幕

(4) 单击"窗口"菜单中的"拆分"按钮，则会出现一条拆分线，单击文档中的任何地方，拆分线将会落在此处，将文档拆分为相对独立的上下两部分，此功能比较适用于外文资料翻译、行数比较多的数据对照等，如图 6-15 所示。

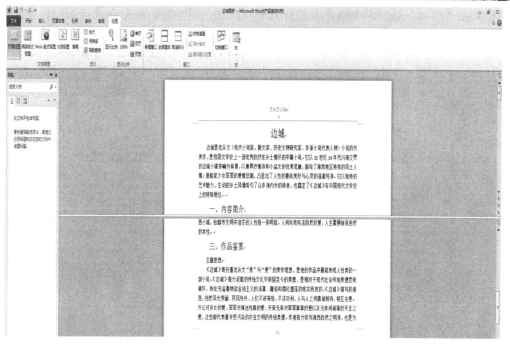

图 6-15　拆分文档

(5) 切换窗口。单击"窗口"菜单中的"切换窗口"按钮，则将打开的文档名依次显示出来，可根据需求选择要打开的文档，如图 6-16 所示。

图 6-16　切换窗口

6.2　邮件合并

1. 邮件合并的概念

邮件合并是指在 Microsoft Office 2010 中，先建立两个"文档"：一个 Word 文档和一个数据源文档。其中，Word 文档包括所有文件共有内容的主文档(比如未填写的信封等)，数据源文档是一个包括变化信息的数据(如收件人、发件人、邮编、电话号码等)，这些数据一般以表格结构存储起来，如保存在 Excel 文档中的数据源。然后根据需要，使用 Word 文档中的邮件合并功能使主文档调用数据源文档中的数据，合成很多个格式相同而内容不同的单个文档，这些文档可以"打印"出来，也可以以"邮件"的形式发出去。此方法还可以快速制作出多个形式相同而内容不同的信函、准考证、明信片等。

邮件合并的原理是将需要制作的目标文档中相同部分保存为一个文档，称为主文档，将不同的部分，如姓名、电话号码、邮编等保存为另一个文档，称为数据源文档，然后将主文档与数据源文档合并起来，形成用户需要的文档。

2. 邮件合并的应用

(1) 批量打印信封：按统一的格式，将电子表格中的邮编、收件人地址和收件人打印出来。

(2) 批量打印信件：主要是从电子表格中调用收件人，换一下称呼，信件内容基本固定不变。

(3) 批量打印请柬：同上(2)。

(4) 批量打印工资条：从电子表格中调用数据。

(5) 批量打印个人简历：从电子表格中调用不同字段数据，每人一页，对应不同的信息。

(6) 批量打印学生成绩单：从电子表格中取出个人成绩信息，并设置评语字段，编写不同评语。

(7) 批量打印各类获奖证书：在电子表格中设置姓名、获奖名称等，在 Word 中设置打印格式，可以打印众多证书。

(8) 批量打印准考证、明信片、信封等个人报表。

总之，只要有数据源(电子表格、数据库)等，且是一个标准的二维数表，就可以很方便地按一个记录一页的方式从 Word 中用邮件合并功能打印出形式相同、内容不同的文档来。

3. 操作方法

1) 准备数据源

数据源可以是 Excel 文件、Access 文件，也可以是 Microsoft SQL Server 数据库等。总而言之，只要能够被 SQL 语句操作控制的数据皆可作为数据源，因为邮件合并实质就是一个数据查询和显示的工作。这里，以 Excel 文件为例。

2) 准备模板

模板文件就是即将输出的界面模板，这里以 Word 文档为例。

3) 邮件合并

以在"Word 2010"中使用"邮件合并向导"创建邮件合并信函为例，操作步骤如下：

(1) 打开 Word 2010 文档窗口，切换到"邮件"分组。在"开始邮件合并"分组中单击"开始邮件合并"按钮，并在打开的菜单中选择"邮件合并分步向导"命令。

(2) 打开"邮件合并"任务窗格，在"选择文档类型"向导页中选中"信函"单选框，并单击"下一步：正在启动文档"超链接。

(3) 在打开的"选择开始文档"向导页中，选中"使用当前文档"单选框，并单击"下一步：选取收件人"超链接。

(4) 打开"选择收件人"向导页，选中"从 Outlook 联系人中选择"单选框，并单击"选择'联系人'文件夹"超链接。

(5) 在打开的"选择配置文件"对话框中选择事先保存的 Outlook 配置文件，然后单击"确定"按钮。

(6) 打开"选择联系人"对话框，选中要导入的联系人文件夹，单击"确定"按钮。

(7) 在打开的"邮件合并收件人"对话框中，可以根据需要取消选中联系人。如果需要合并所有收件人，直接单击"确定"按钮。

(8) 返回 Word 2010 文档窗口，在"邮件合并"任务窗格"选择收件人"向导页中单击"下一步：撰写信函"超链接。

(9) 打开"撰写信函"向导页，将插入点光标定位到 Word 2010 文档顶部，然后根据需要单击"地址块"、"问候语"等超链接，并根据需要撰写信函内容。撰写完成后单击"下一步：预览信函"超链接。

(10) 在打开的"预览信函"向导页中可以查看信函内容，单击"上一个"或"下一个"按钮可以预览其他联系人的信函。确认没有错误后单击"下一步：完成合并"超链接。

(11) 打开"完成合并"向导页，用户既可以单击"打印"超链接开始打印信函，也可以单击"编辑单个信函"超链接针对个别信函进行再编辑。

4. 操作实例

1) 确定数据源

数据源(Data Source)，顾名思义指数据的来源，是提供某种需要数据的器件或原始媒体。

邮件合并的数据源可以是一张二维表，表格中的每一列对应一个信息类别，如姓名、性别、证件号码等，每一行代表一条完整的记录，亦称为数据记录。数据记录是一组完整的相关信息。

本例确定数据源的具体做法为：启动 Excel 2010，输入如图 6-17 所示的数据，然后执行"文件保存"命令，将文件命名为"荣誉证书信息表.xlsx"并保存。

图 6-17　启动 Excel 2010 并输入数据

2) 制作奖状模板

(1) 启动 Word 2010，创建一个空白文档，并进行页面设置，将"纸张方向"设置为横向，上下页边距设置为 3.17 厘米，左右页边距设置为 2.54 厘米，"纸张大小"中设置"宽度"为 21.5 厘米，"高度"为 15 厘米，如图 6-18 所示。

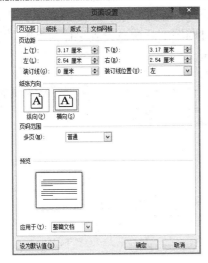

(a) "页边距"选项

(b) "纸张"选项

图 6-18 页面设置

(2) 设置"页面背景"。在"页面背景"功能组中单击"页面颜色"按钮，在弹出的下拉菜单中选择"填充效果"，即弹出"填充效果"窗口，如图 6-19(a)所示，点击该窗口中的"图片"选项，单击选择"图片"按钮，即打开如图 6-19(b)所示的"选择图片"窗口，单击选中"荣誉证书背景.jpg"文件，单击"插入"按钮，则返回到填充效果窗口，如图 6-19(c)所示，可以预览效果，然后单击"确定"。

(a) "填充效果"窗口

(b) "选择图片"窗口

(c) 填充图片效果

图 6-19 设置页面背景

（3）编辑文本内容。将"谨此授予……以资鼓励！"等文字输入到文档中，并设置"字体"为黑体，"字号"为小二，将颁奖单位和颁奖日期等落款信息设置字体为"黑体"，"字号"为五号，文字输入完成后的效果如图 6-20 所示。

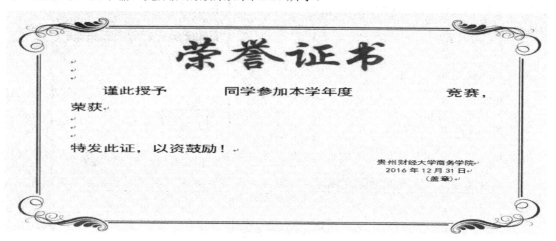

图 6-20　编辑文本内容

（4）保存文件。单击"文件"→"保存"，将文件命名为"荣誉证书模板.docx"并保存。

3）利用邮件合并批量制作荣誉证书

（1）打开文档"荣誉证书模板.docx"，切换到"邮件"选项卡，在"开始邮件合并"组中单击"开始邮件合并"按钮，在下拉菜单中选择"邮件合并分步向导"命令，打开"邮件合并"任务窗口，如图 6-21 所示。

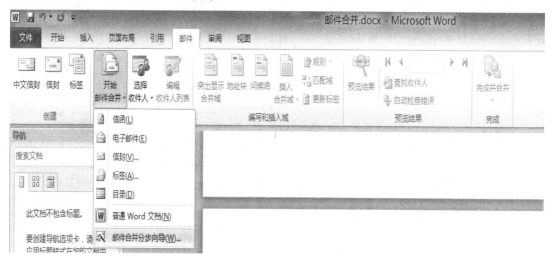

图 6-21　邮件合并

（2）在"选择文件类型"栏中选择"信函"，单击"下一步：正在启动文档"超链接，如图 6-22 所示。

（3）在"选择开始文档"栏中选择"使用当前文档"，单击"下一步：选取收件人"超链接，如图 6-23 所示。

图 6-22　选择文件类型　　　　　　　　　图 6-23　选择开始文档

（4）在"选择收件人"栏中，选择"使用现有列表"单选项，单击"浏览"按钮，在弹出的"选择数据源"对话框中找到并打开"荣誉证书信息表.xlsx"文件，在"选择表格"对话框中选择荣誉证书信息所在的 Sheet 1，在"邮件合并收件人"窗口中选择"荣誉证书信息表"中的所有项目，单击"确定"按钮，如图 6-24 所示。

　　　（a）邮件合并　　　　　　　　　　　　　　　（b）选取数据源

(c) 选择表格

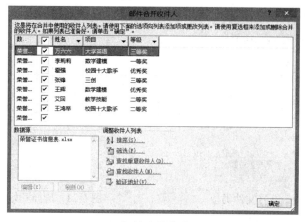

(d) 邮件合并收件人

图 6-24　选择收件人

(5) 单击"下一步：撰写信函"链接，在"撰写信函"栏中单击"其他项目"，出现"插入合并域"对话框，如图 6-25 所示。

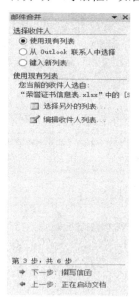

(a)

(b)

(c)

图 6-25　插入合并域

(6) 单击如图 6-26 所示的荣誉证书模版上文字"同学"前的空白区域，当光标闪动呈可输入状态时，打开"邮件"菜单。

(7) 在"编写和插入域"选项卡中单击"插入域"按钮，在弹出的下拉菜单中选择"姓名"，完成"姓名"合并域的插入，如图 6-26 所示。

图 6-26　插入姓名

(8) 单击荣誉证书模版上文字"竞赛"前的空白区域，当光标闪动呈可输入状态时，打开"邮件"菜单，在"编写和插入域"选项卡中单击"插入域"按钮，在弹出的下拉菜单中选择"项目"，完成"项目"合并域的插入，如图 6-27 所示。

图 6-27　合并域的插入

(9) 单击"特发此证"前的空白行，当光标闪动呈可输入状态时，打开"邮件"菜单，在"编写和插入域"选项卡中单击"插入域"按钮，在弹出的下拉菜单中选择"等级"，完成"等级"合并域的插入，如图 6-28 所示。将该合并域《等级》选中后，设置"字体"为黑体，"字号"为小一，居中显示。

图 6-28 插入域

(10) 单击"下一步：预览信函"，则生成第一张荣誉证书，该荣誉证书是由荣誉证书信息表中的第一条数据记录生成的，如图 6-29 所示。

图 6-29 完成合并

(11) 单击"完成合并"栏的"编辑单个信函"，弹出"合并到新文档"对话框，选中该对话框中的"全部"，单击"确定"按钮，则所有的数据记录都被合并到新文档中，同时生成 6 张样式相同，而被授予者、受荣誉项目和奖励等级不同的荣誉证书，如图 6-30 所示。

(12) 生成的新文档没有背景，所以可以重复前面步骤(2)将背景图片重新添加一次，得到如图 6-31 所示的结果，并将该新文档保存为"合并后的荣誉证书.docx"。

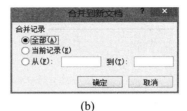

(a)　　　　　　　　　　　　　　　　　　　(b)

(c)

图 6-30　完成合并

图 6-31　设置页面背景

4) 打印荣誉证书

打印生成的荣誉证书有两种方法。

方法 1：打开文件"合并后的荣誉证书.docx"，执行"文件"→"打印"命令即可，如图 6-32(a)所示。

方法 2：在"邮件合并"窗口的第(6)步"完成合并"栏中，单击"打印"按钮弹出"合并到打印机"窗口。在对话框中完成相应的设置后，单击"确定"按钮即可，如图 6-32(b)所示。

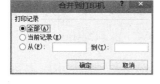

(a) 方法 1　　　　　　　　　　　　　　(b) 方法 2

图 6-32　打印荣誉证书

6.3　分析图文素材

分析图文素材，即给出标准，参照标准在 Word 中制作与标准相同的内容。

例如，打开"需求评审会"这个文件，参照素材图片"表 1.jpg"中的样例完成会议安排表的制作，格式要求：合并单元格，序号自动排序并居中，表格中的内容可从文档"秩序册文本素材.docx"中获取。

(1) 首先在文件夹中打开"需求评审会"文件，如图 6-33 所示。

(2) 打开"表 1.jpg"，参照里面的内容进行相应的制作，如图 6-34 所示。

(3) 在"插入"选项卡中选择"表格"，在下拉列表中拖动光标按"表 1.jpg"的标准拖出一个 4×2 的表格，如图 6-35 所示。

(a)

(b)

图 6-33　打开文档

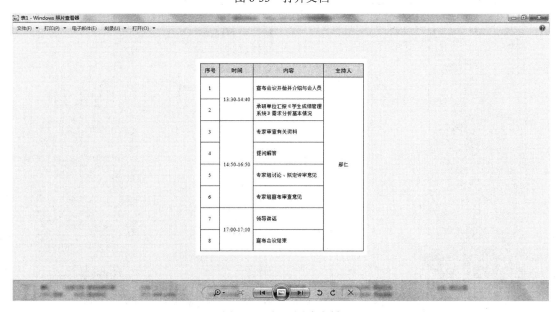

图 6-34　打开图片素材

(a)

三、会议安排

序号	时间	内容	主持人

(b)

图 6-35　插入表格

(4) 在第一列中输入相应的文字，如图 6-35(b)中的"序号"、"时间"、"内容"、"主持人"。选中第一列，打开"设计"选项，在"表格样式功能组"中选择一种相应的"底纹"，如图 6-36 所示。

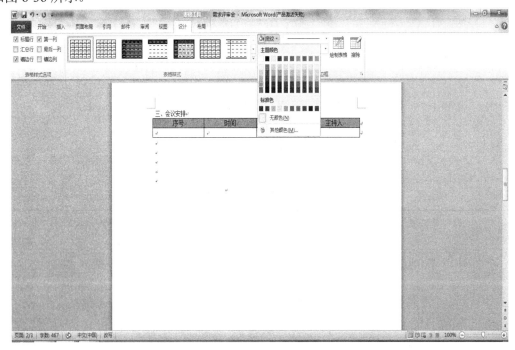

图 6-36　输入文档

(5) 将光标放于第二行第一列，在"开始"选项卡"段落功能组"中选中"编号快捷按钮"，在下拉列表中选择"定义新编号格式"，在弹出的页面中将表格样式中的"1."里面的"."删除，点击"确定"。然后把光标置于第二行的后面，单击回车键，即可作出带序号为"2."的第三行，根据"表 1.jpg"里面的样式，作出一个 9×4 的表格，如图 6-37 所示。

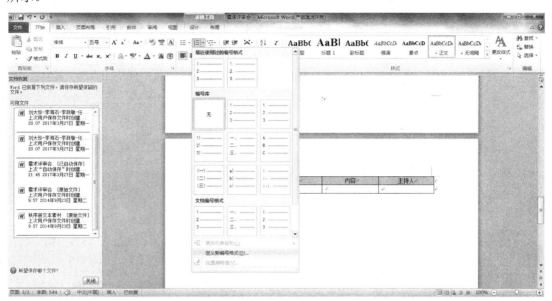

图 6-37　插入表格

(6) 按照"表 1.jpg"里面的"样式"合并单元格，选择需要合并的单元格，单击鼠标右键，选择"合并单元格"命令，如图 6-38 所示。

图 6-38　设置表格格式

(7) 打开"秩序册文本素材.decx",参照"表 1.jpg"将对应的内容复制到相应的表格中,如图 6-39 所示。

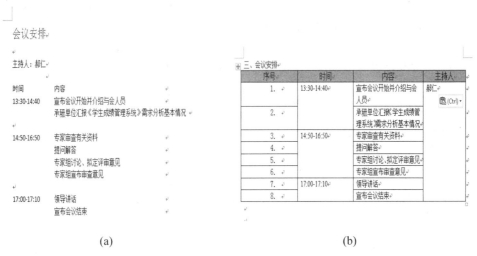

(a)

(b)

图 6-39 打开文字素材

(8) 参照"表 1.jpg"的格式,调整表格的"行高"、"列宽"、"对齐方式"等,如图 6-40 所示。

图 6-40 调整表格格式

Excel 篇

第 7 章　Excel 基本操作

Excel 是微软公司出品的 Office 系列软件中的一个组件，确切地说是一个电子表格软件，可以制作电子表格，完成许多复杂数据运算，进行数据的分析和预算，并且具有强大的制作图表的功能。

7.1　单元格基本操作

制作如图 7-1 所示的职工信息表。

姓名	性别	出生日期	职称	基本工资	身份证号
张一	男	1997年3月16日	教授	4321.00	430104197803252523

职工信息表

图 7-1　职工信息表

1. 单元格合并及居中

制作步骤如下：

(1) 输入表名及各栏目名称，如图 7-2 所示。

(2) 设置表名及各栏目的基本格式。

根据表的宽度，合并表名所在行的单元格区域，使表名居于表的中央。选中 B3:G3 单元格区域，使用"合并及居中"命令，如图 7-2 所示。

图 7-2　表名居中的方法

2. 表名设置

设置表名的字体及字号，如图 7-3 所示。

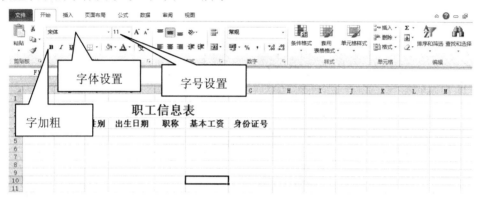

图 7-3　设置表名的字体及字号

3. 设置表格栏目

使各栏目名称居中，并调整各栏目的宽度，如图 7-4 所示。

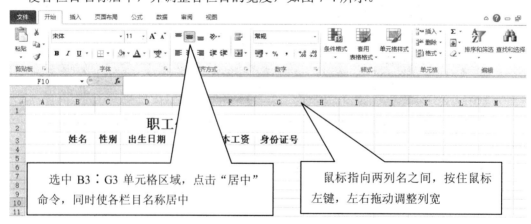

图 7-4　设置表格各栏目的格式

4. 单元格填充色

设置工作表各单元格的填充色，如图 7-5 所示。

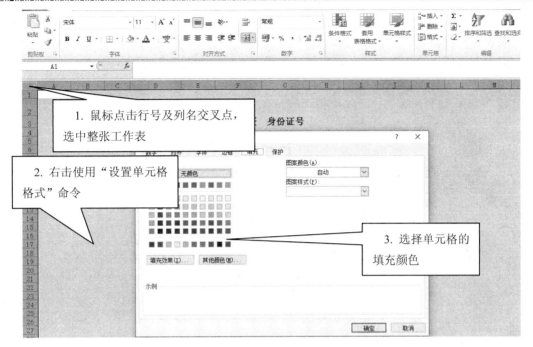

图 7-5 设置工作表各单元格的填充色

5. 表格框线

设置表格的边框线，如图 7-6 所示。

内框：黑色，细线。

外框的右边及下边：黑色，粗线。

外框的左边及上边：白色，粗线。

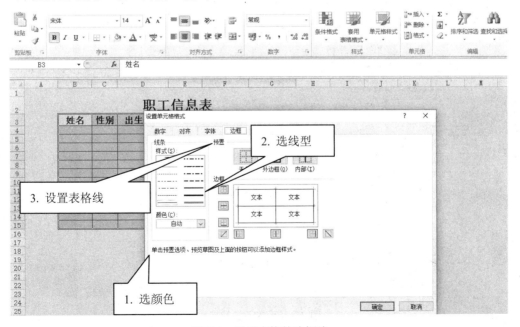

图 7-6 设置表格的边框线

6. 数据格式

设置各栏目数据的显示格式如下：

"出生日期"的格式：××××年××月××日，如图 7-7 所示。

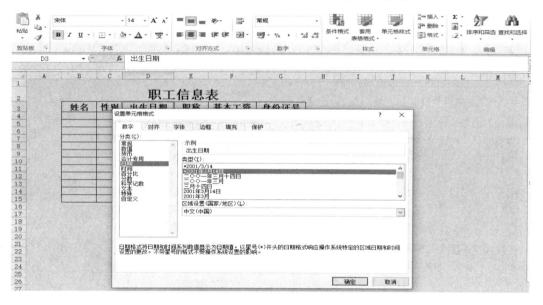

图 7-7　出生日期的格式

"基本工资"的格式：数值，小数 2 位，如图 7-8 所示。

图 7-8　基本工资的格式

"身份证号"的格式：文本，如图 7-9 所示。

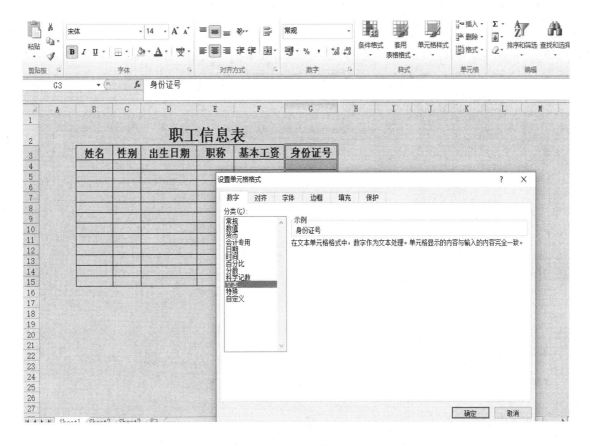

图 7-9　身份证号的格式

7. 工作表保护

工作表中的每一个单元格都有两种状态："锁定"和"未锁定"。如果一个单元格中有计算公式，可以将该单元格中的公式"显示"或"隐藏"起来。而工作表也有两种状态："保护"和"未保护"。一张工作表中所有单元格的初始状态都是锁定的，单元格中的计算公式也是可见的，且工作表的初始状态都是未保护的。

在工作表保护状态下，一个"锁定"的单元格中的公式和数据是不能被修改的，设置了"隐藏"的单元格中的计算公式将不能被查看；"未锁定"的单元格的数据能够被修改，未设置"隐藏"的单元格，如果该单元格中有计算公式，则可以被查看。

为了使一张工作表中已制作好的表格不会在无意中被破坏，且只有需要输入数据的单元格中才能输入数据，其他单元格中不能输入数据，则需要做两步：

(1) 将需要输入数据的单元格的状态设置为"未锁定"，如果需要，也可设置"隐藏"属性，如图 7-10 所示。

(2) 保护工作表的设置如图 7-11 所示。

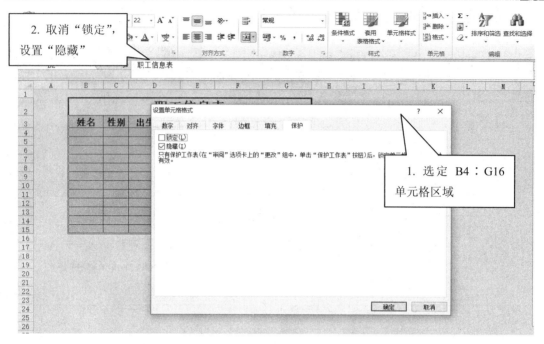

图 7-10　单元格保护状态的设置

图 7-11　工作表保护的设置

8. 单元格内部下划线

设置单元格内部下划线的操作步骤如下：

(1) A2 单元格格式：水平方向——左对齐，垂直方向——居中。

(2) 单元格设置过程用 Alt+Enter 组合键。具体操作：在 A2 单元格中先输入 4 个空格(或视单元格的宽度输入适当数量的空格)，然后输入"星期"，再按组合键 Alt+Enter 使插入光标移到 A2 单元格内的下一行(每使用一次组合键 Alt+Enter，则在同一单元格内增加一行)，最后输入"节次"，如图 7-12 所示。

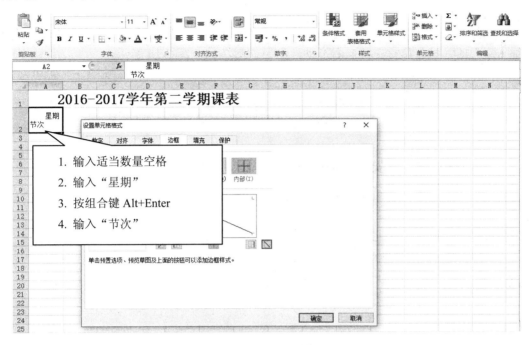

图 7-12　表头制作

(3) 添加单元格中的斜线，如图 7-13 所示。

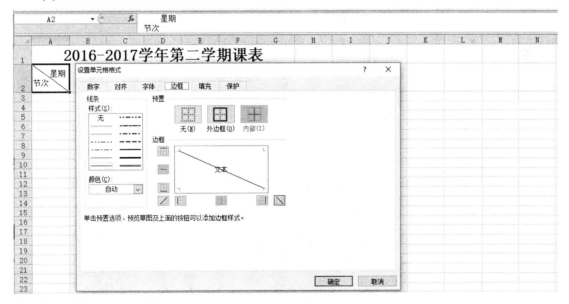

图 7-13　单元格中添加斜线的方法

9. 序列数据

表头星期一至星期五的制作采用序列数据的复制方法。

在 Excel 中，对于日期数据，如果用拖动复制的方法复制单元格的内容时，日期数据将依次递增。所以，星期一～星期五数据的输入方法如下：

(1) 在 B2 单元格中输入"一"。

(2) 选中 B2 单元格且鼠标移到 B2 单元格的右下角，当鼠标的形状由"粗十字"变为"细十字"时，按住鼠标左键向右拖动，结果如图 7-14、图 7-15 所示。

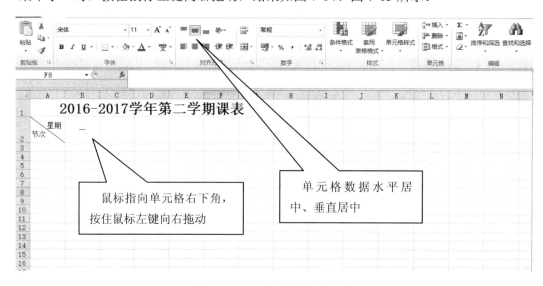

图 7-14　序列数据的复制方法

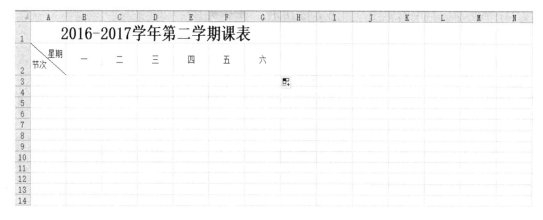

图 7-15　序列数据的复制结果

7.2　控件及应用

Excel 可通过各种可视化控件来实现直观输入或限制数据的输入。要使用 Excel 的控件，首先要设置 Excel 的命令菜单使其可用。

1. Excel 控件命令菜单的设置

Excel 控件命令菜单的设置如图 7-16 所示。

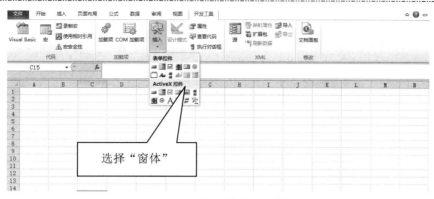

图 7-16　Excel 控件命令菜单的设置

2. 常用控件介绍

1) 单选框及分组框

单选框用于在一组选择中选择其中之一。Excel 的数据控件都有一个或一组链接单元格，用于说明该控件的选择结果影响哪个单元格(单元格区域)。图 7-17～图 7-20 说明了单选命令按钮的设置和使用。由于在一张工作表中可能有多组单选命令按钮，如何说明哪几个命令按钮是一组的，则需要使用分组框控件，如图 7-21 所示。同一组的单选框命令按钮的链接单元格是相同的。

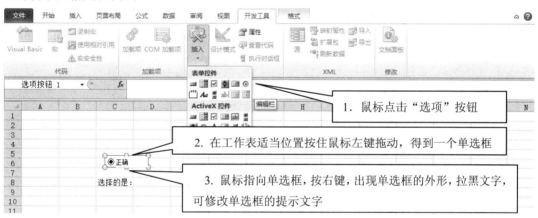

图 7-17　单选命令按钮的设置 1

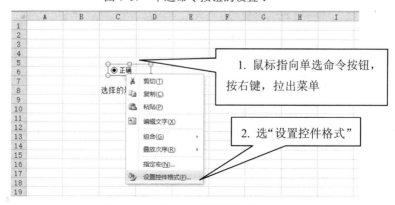

图 7-18　单选命令按钮的设置 2

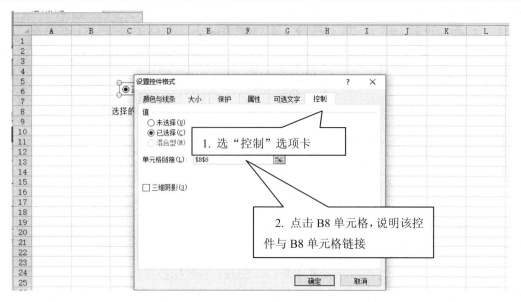

图 7-19 单选命令按钮的设置 3

图 7-20 单选命令按钮的使用

2) 复选框

当一组选择中可以选择多个选项时，可使用复选框，每一个复选框应该单独链接一个单元格。复选框的运用和设置如图 7-21 所示，各选项的链接单元格分别为：选项 A 为 C13，选项 B 为 C14，选项 C 为 C15，选项 D 为 C16。

图 7-21 复选框命令按钮的设置

第 8 章　Excel 图表的应用

图表就是根据工作表中的数据制作得到的各种图形,如统计直方图、饼图、折线图……。图表可以直观地反映数据的特性,所以在实际中应用很多。用 Excel 制作图表的基本步骤如下:

(1) 在工作表中选择要制作图表的数据;

(2) 在插入图表中选择要制作的图表类型(大类型及子类型),得到基本图表;

(3) 对得到的基本图表进行布局调整(如是否有标题、图例,它们在图表中的位置等),作图数据的调整、坐标数据的设置、图例名称的修改等;

(4) 对图表进行修饰,如坐标数据的显示格式、疏密程度、图表背景、图形填充的颜色及图案,添加图表、文字、标注等。

8.1　统计直方图

统计直方图在 Excel 中叫做柱形图,它是用一个选定的数值数据在图表中制作柱形图,柱形图的高低(长度)由所选定的数值数据的大小来决定。如果选定了 n 个数据,就在同一个图表中作 n 个柱形图。

根据表 8-1 制作各班级“多媒体技术”课程平均成绩的直方图。

表 8-1　各班级平均成绩统计表

班　级	高等数学	多媒体技术	英语
会计 1 班	85	86	86
会计 2 班	87	96	93
信息管理班	92	92	92
电子商务班	80	96	91
金融学 1 班	75	91	86
金融学 2 班	90	80	83

1. 基本图形的制作

选中单元格区域 C3:C8,单击菜单栏“插入”下的“柱形图”功能,出现系列直方图子功能,选择二维柱形图第一个子功能,完成直方图初步设置,如图 8-1 所示。

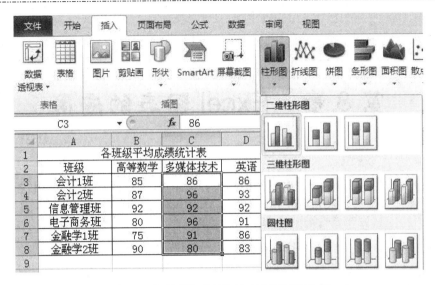

图 8-1　各科平均成绩统计直方图制作过程

2. 数据序列、数据序列的切换及图表中各元素的布局

在作统计直方图时，可以将数据列表中的一列数据或一行数据称为一个数据"系列"，同一个系列作出的柱形图其颜色及图案是相同的。图 8-2 是以列为数据序列，在本例中仅选中了 1 列数据，即仅有一个序列，因此所有的柱形为同一颜色；图 8-3 是以同样的数据作出的统计直方图，但是以行为数据序列，在本例中 1 行(1 个数据序列)仅有 1 个数据，或者说 1 个数据就构成一个数据序列，每个柱形图用一个颜色及图案。

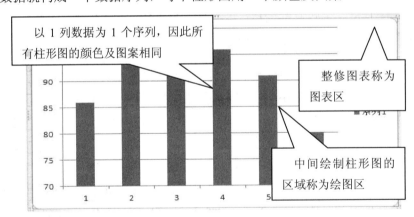

图 8-2　以列为数据序列制作出的统计直方图

在制作图表时，数据序列的确定可以由制作者确定或改变，其方法是：首先用鼠标点击已制作出的图表，在菜单栏会出现"图表工具"菜单，然后点击"切换行/列"命令即可。

3. 数据序列(图例)名称的修改

初始制作出来的图表并没有序列的名称，即不知道每一个柱形图代表的是哪一个班级的平均成绩。对于序列的名称，可以用"选择数据"命令来进行修改，如图 8-4 所示。

修改标题及数据序列名称后的效果如图 8-5 所示。

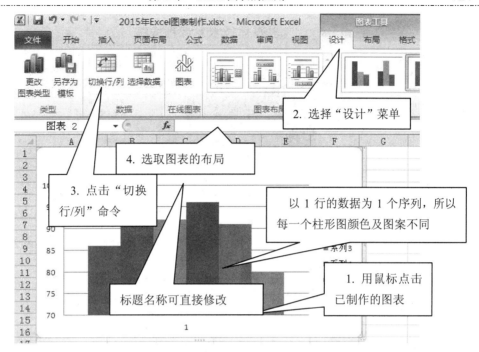

图 8-3　以行为数据序列制作统计直方图及切换行列的方法

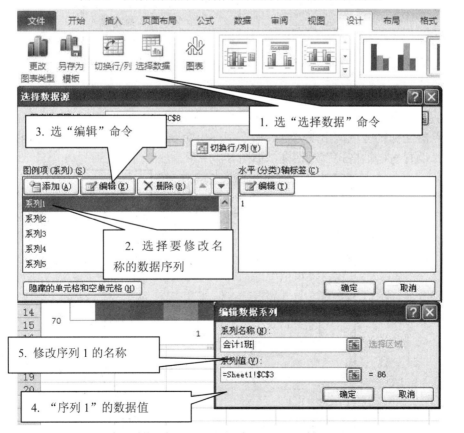

图 8-4　数据序列名称的修改

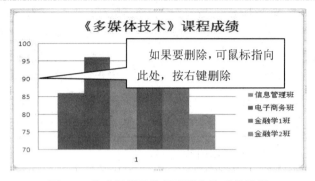

图 8-5　修改标题及数据序列名称后的效果

4. 坐标数据范围、标签疏密的修改

图表中的横坐标、纵坐标可以删除，也可以修改坐标数据值显示的范围。对坐标标签(显示的具体值)的疏密程度进行修改的方法如图 8-6 所示。

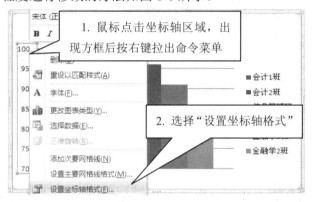

图 8-6　修改坐标轴命令

鼠标点击坐标轴区域，出现方框后按右键弹出命令菜单，选择"设置坐标轴格式"选项，弹出"设置坐标轴格式"对话框，如图 8-7 所示。

图 8-7　"设置坐标轴格式"对话框

按图 8-7 进行设置后，得到坐标轴修改后的效果如图 8-8 所示。

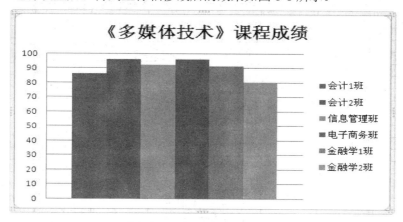

图 8-8 坐标轴修改后的效果

5. 图表区、绘图区背景颜色及背景图片的设置

图表区和绘图区的背景颜色可以设置为用户喜欢的颜色，可以是单色，也可以是渐变色，图表区和绘图区的背景也可用各种图案或图片来修饰，修改方法如图 8-9、图 8-10 所示。

按照图 8-9、图 8-10 进行设置后，完成的统计直方图如图 8-11 所示。

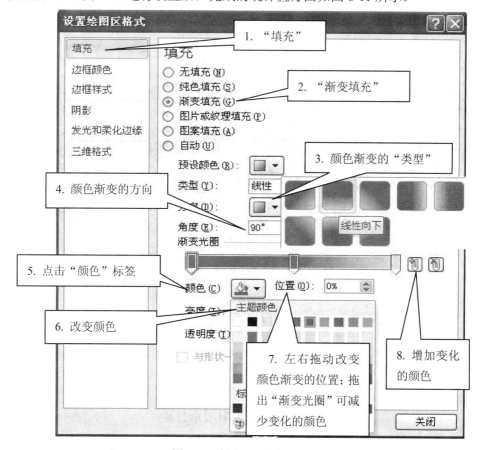

图 8-9 绘图区背景色的设置

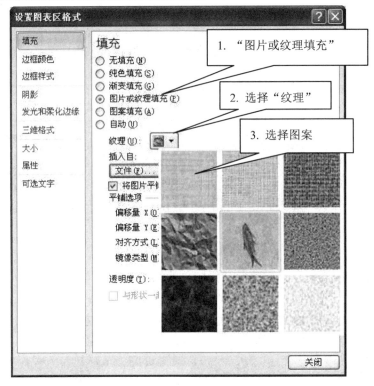

图 8-10　背景图案的设置

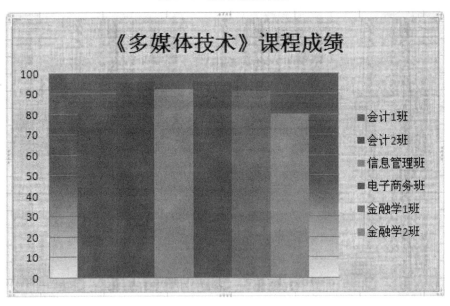

图 8-11　完成后的统计直方图

8.2　折线图的制作

根据表 8-2 的数据，制作国内 GDP 变化及 GDP 增长率变化折线图。

表 8-2 国内生产总值及增长率

年份	国内生产总值 /亿元	增长率
1995	61 129.80	10.98%
1996	71 572.32	9.92%
1997	79 429.48	9.23%
1998	84 883.69	7.85%
1999	90 187.74	7.62%
2000	99 776.25	8.43%
2001	110 270.36	8.30%
2002	121 002.04	9.08%
2003	136 564.64	10.02%
2004	160 714.42	10.08%
2005	185 895.76	11.35%
2006	217 656.59	12.69%
2007	268 019.35	14.20%
2008	316 751.75	9.62%
2009	345 629.23	9.24%
2010	408 902.95	10.63%
2011	484 123.50	9.49%
2012	534 123.04	7.75%
2013	588 018.76	7.69%
2014	636 462.71	7.40%

1. 作图数据的选择及作图命令

制作折线图时，相对于横坐标其数据必须是等间隔的，数据可以按列或按行排列。选取作图数据时，不能选择横坐标的数据，选择了几列(或几行)数据，则应同时在图上绘制几条线，如图 8-12、图 8-13 所示。

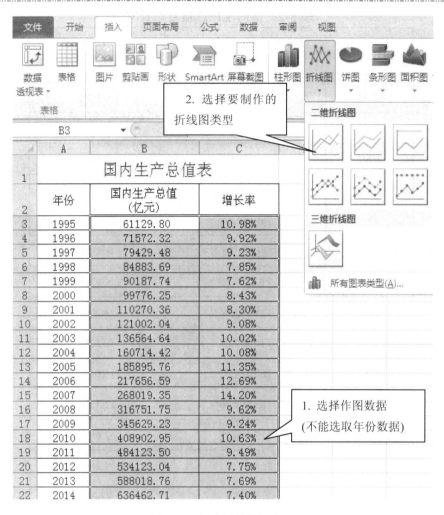

图 8-12　折线图的数据选取

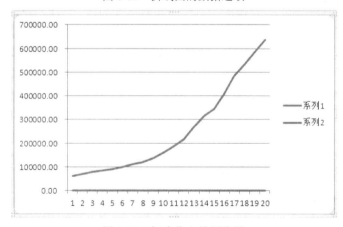

图 8-13　初步作出的折线图

2. 图表布局的修改

图表布局的修改如图 8-14 所示。

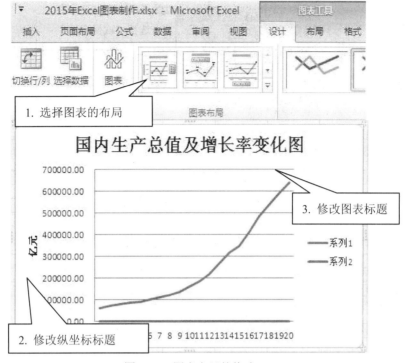

图 8-14　图表布局的修改

3. 双坐标轴设置

从表 8-2 可以看出，由于国内生产总值的数据值很大，而增长率的数值很小，所以增长率的折线就变成了一条紧贴横坐标轴的一条直线，看不出增长率的变化。Excel 采用了双纵坐标轴的方式来解决该问题，左边设置一个纵坐标轴(称为主坐标轴)，右边设置一个纵坐标轴(称为次坐标轴)，将一条折线用主坐标轴的量纲来绘制，而另一条折线用次坐标轴的量纲来绘制。初始的折线图是采用单坐标轴绘制所有折线，然后可以指定哪一条折线用主坐标的量纲来绘制，哪一条折线用次坐标轴的量纲来绘制，修改方法见图 8-15 和图 8-16。

设置双坐标轴后的折线图如图 8-17 所示。

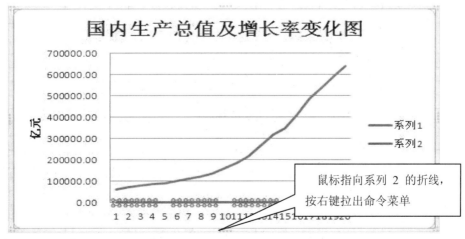

图 8-15　折线图次坐标轴的设置 1

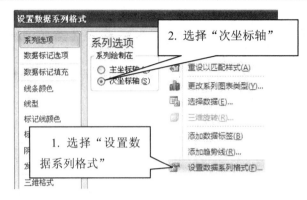

图 8-16　折线图次坐标轴的设置 2

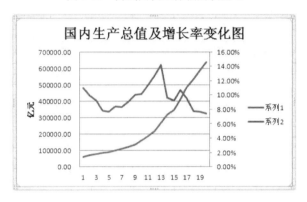

图 8-17　设置双坐标轴后的折线图

4．系列名称的修改及横坐标的设置

系列名称的修改如图 8-18 所示。

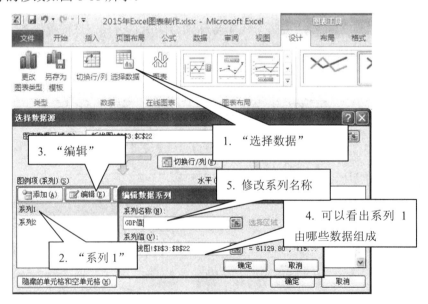

图 8-18　系列名称的修改

折线图横坐标的设置如图 8-19 所示。

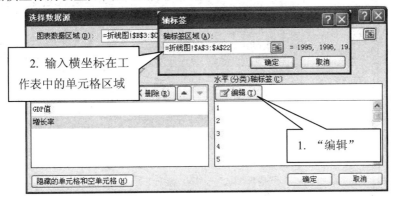

图 8-19　折线图横坐标的设置

修改系列名称及横坐标后的折线图如图 8-20 所示。

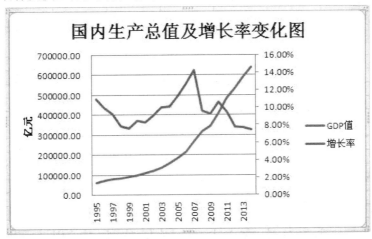

图 8-20　修改系列名称及横坐标后的折线图

坐标轴标签疏密度设置如图 8-21、图 8-22 所示。

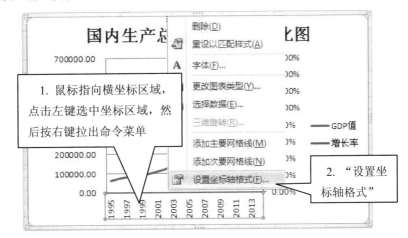

图 8-21　坐标轴标签疏密度设置 1

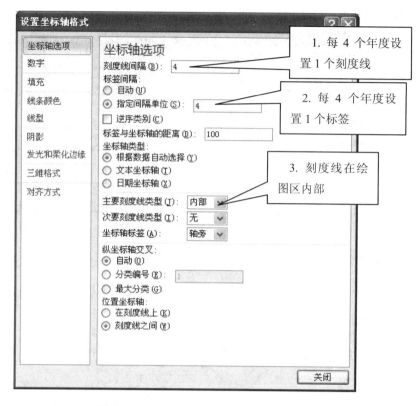

图 8-22　坐标轴标签疏密度设置 2

横坐标设置后的折线图如图 8-23 所示。

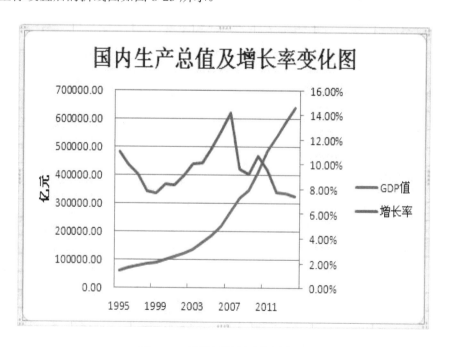

图 8-23　横坐标设置后的折线图

设置图表区填充色和插入图片修饰后的折线图如图 8-24 所示。

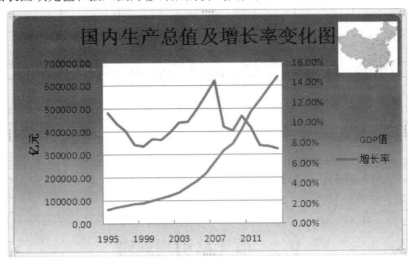

图 8-24　设置图表区填充色和插入图片修饰后的折线图

第 9 章　Excel 公式和函数

在 Excel 中，不仅可以输入数据并进行格式化，更为重要的是可以通过公式和函数方便地进行统计、计算和分析。为此，Excel 提供了丰富的实用函数，可以进行各种运算以满足相应的需求，极大地提高了工作效率。

9.1　单元格引用规则

1. 公式概述

公式是指 Excel 工作表中进行各种计算的公式，由操作数、运算符、函数、括号等组成。公式存储于单元格中时必须以等号(=)开始，表示紧随等号之后的各种符号、数据等是需要进行计算的要素(操作数、运算符等)。公式的计算结果存储于公式所在的单元格中，并在相应位置显示出来。

2. Excel 的运算

Excel 可以进行各种算术运算、字符运算和关系运算，不同的运算，其运算符不同，书写格式不同，运算结果也不同。下面分别加以叙述。

Excel 的数据值主要有整数、实数、日期、时间等。

在 Excel 中日期数据在输入时一般以减号(–)作为年月日的分隔符，且认为日期是一个整数，这个整数叫做日期序号。日期与整数的对应规则是：1900 年 1 月 1 日对应整数 1，1900 年 1 月 2 日对应整数 2，…，以此类推。比 1900 年 1 月 1 日更早的日期 Excel 就不处理了，如表 9-1 所示。

表 9-1　日期及日期序号

日　　期	日期序号(日期对应的整数)
1900 年 1 月 1 日	1
1900 年 1 月 2 日	2
1900 年 1 月 3 日	3
1900 年 1 月 4 日	4
1900 年 1 月 5 日	5
⋮	⋮
2012 年 3 月 1 日	40 969

在 Excel 中，时间数据中"时分秒"的分隔符为英文的冒号"："，且认为时间是一个 0～

1 之间的纯小数，时间与小数的对应规则为："0：0：0" 对数据值 0，"12：0：0" 对应 0.5，"23：59：59" 对应 0.999988。

日期数据、时间数据在参与计算时自动转换为对应的整数或小数。在显示时，可通过单元格格式设置，将日期转换成整数或将整数(>0)转换成日期进行显示，同样，时间数据与纯小数(0～1 之间)也可通过格式进行显示转换。

3. 关系运算

Excel 可以进行多种关系运算，运算结果为逻辑值，值有两个：FALSE(逻辑假)和 TRUE(逻辑真)。关系运算符及运算规则如表 9-2 所示。

表 9-2　关系运算符及运算规则

关系运算符	格式	含义
=	数据 1=数据 2	判断 2 个数据是否相等，如果相等，则结果为 TRUE，否则为 FALSE
>	数据 1>数据 2	判断数据 1 是否大于数据 2，如果是，则结果为 TRUE，否则为 FALSE
>=	数据 1>=数据 2	判断数据 1 是否大于或等于数据 2，如果是，则结果为 TRUE，否则为 FALSE
<	数据 1<数据 2	判断数据 1 是否小于数据 2，如果是，则结果为 TRUE，否则为 FALSE
<=	数据 1<=数据 2	判断数据 1 是否小于或等于数据 2，如果是，则结果为 TRUE，否则为 FALSE
<>	数据 1<>数据 2	判断 2 个数据是否相等，如果不相等，则结果为 TRUE，否则为 FALSE

表 9-3 给出了关系运算示例。

表 9-3　关系运算示例

关系运算式	运算结果
33>4	TRUE
"33">"4"	FALSE
"4">"33"	TRUE
"ACD"="acd"	TRUE
77<>99	TRUE
77=99	FALSE
"ACD"="ABC"	FALSE
"ACD"="ACD123"	FALSE
"ABC"="ABCD"	FALSE
"ABC"="ABC"	TRUE

注意：ASCII 字符的比较是按字典顺序进行的，且不分大小写。

Excel 的关系运算主要应用在函数中，作为函数的条件部分。

值得注意的是，Excel 没有逻辑运算符，但有逻辑函数，可以应用逻辑函数来实现逻辑运算，有关函数内容将在后面介绍。

4. 运算符的优先级

如果一个公式中同时用到多个运算符，Excel 将按表 9-4 所示的顺序进行运算。如果公式中包含相同优先级的运算符，则按从左到右的顺序进行计算。

表 9-4　运算符的优先级

运算符	说明	运算顺序
：（冒号）		高
（单个空格）	引用运算符	
，（逗号）		
-	负号运算符	
%	百分比	
^	乘幂	
* 和 /	乘和除	
+ 和 -	加和减	
&	字符串连接	低
= < > <= >= <>	比较运算符	

5. Excel 的运算错误信息

如果 Excel 根据单元格中的公式进行计算后得到一个正确的结果，就将计算结果显示在该单元格中。但是，如果根据公式不能得到一个正确的计算结果，则在公式所在的单元格显示一个错误信息。通过错误信息可以得到错误的性质，并据此找出公式中的错误，以便于更正。

表 9-5 给出了 Excel 的错误信息表。

表 9-5　Excel 的错误信息表

错误信息	含　义	示　　例
#DIV/0!	这个公式试图使用 0 作为除数	如果公式中使用一个空单元格作为除数时，就可能会出现这个信息
#NAME?	公式使用了一个 Excel 不能识别的名称	如果删除了公式中使用的名称或误输入某个函数名时，就可能出现这个信息
#N/A	公式中引用的(直接或间接)单元格中使用 NA 函数所标识的不能使用的数据	如果查找函数没有找到匹配数据时，就可能出现这个信息
#NULL!	公式使用了一种不允许出现交叉但交叉在一起的两个区域	
#NUM!	使用的数据有问题	例如，在应该使用正值的情况下使用了负数，就可能出现这个信息
#REF!	公式引用了一个无效的单元格	如果单元格从工作表中删除了，则经常会出现这种信息
#VALUE!	公式包含了错误形式的变量或运算(使用错误的参数或运算数的类型错误)	一个运算对象引用一个值或单元格引用，但是它们却需要使用公式计算结果
######!	单元格要显示的数据太长，而现在的宽度不能完整显示这个数据	

6. 单元格引用的概念及基本格式

Excel 的每一个单元格均有一个唯一的坐标，一个坐标也对应一个唯一的单元格,此外,对于一个矩形的单元格区域，也可以有一个单元格区域坐标。在 Excel 的计算公式中，可以用单元格的坐标(单元格区域坐标)来说明要使用某个单元格(单元格区域)的数据来进行计算，所以将计算公式中的单元格坐标称做单元格引用(单元格区域引用)。

单元格引用的基本格式：列名行号

单元格引用代表一个单元格。

例:

A1——代表工作表左上角的第一个单元格，即第一行第一列的单元格;

B4——代表工作表第 2 列第 4 行的单元格。

7. 相对引用、绝对引用、混合引用

Excel 将单元格引用分为相对引用、绝对引用和混合引用。相对引用是前文中单元格引用的基本格式，如：A1，其行列坐标会根据存储结果的单元格的位置变化而产生相应的变化；绝对引用则是在列坐标和行坐标的前面加上符号"$"；混合引用则仅在列坐标前或行号前加符号"$"，如下所示：

A1——相对引用

$A$1——绝对引用

$A1——混合引用

A$1——混合引用

这四种引用，都代表工作表中的同一个单元格 A1 单元格(第 1 行第 1 列所对应的单元格)。Excel 的计算公式中使用这四种单元格引用，对于计算的作用是相同的，例如：A1+B1，$A$1+$B$1，A1+$B1，…，其效果是相同的，都是将 A1 单元格中的数据与 B1 单元格中的数据相加，计算结果也是相同的。

那么在 Excel 中使用这么多种引用有什么作用呢？这四种引用的不同之处在于，当一个单元格中的计算公式复制(或移动)到另一个单元格中时，公式中的单元格引用是否发生变化以及如何发生变化。

(1) 如果计算公式中使用的是相对引用，那么当某个单元格中的公式复制到这个单元格上方的单元格中时，公式中单元格引用的行号将减少，新单元格如果在原单元格上方 n 行，则单元格引用中的行号将减少 n；而单元格中计算公式向下方的单元格复制时，则公式中的单元格引用将增加，新单元格如果在原单元格下方 n 行，则单元格引用中的行号将增加 n。同理，左右复制时，计算公式中单元格引用的列坐标将发生相应的变化，向左复制时，列坐标减少，向右复制时，列坐标增加，减少或增加的规律与行坐标变化的规律相同。

(2) 在绝对引用或混合引用中，坐标前面的符号"$"是使计算公式在复制时，计算公式中的单元格引用中相应的坐标不发生变化，如果列坐标前加了符号"$"，则在左右复制时，列坐标不变；如果在行号前加了符号"$"，则在上下复制时，行坐标不变。当 Excel 的工作表中有大量相似或相同的计算公式时，灵活运用引用可以极大地减少输入计算公式的工作量。

9.2 常 用 函 数

1. Excel 函数分类

Excel 提供大量的工作表函数，并按照功能进行分类。Excel 2010 目前默认提供的函数类别共 13 大类，如表 9-6 所示。

表 9-6　Excel 函数分类示例

函数类别	常用函数示例及说明
财务函数	NPV 函数，通过使用贴现率以及一系列未来支出和收入，返回一项投资的净现值
时间和日期函数	YEAR 函数，返回某日期对应的年份
数学和三角函数	INT 函数，将数字向下舍入到最近的整数
统计函数	COUNT 函数，返回储存数值型数据的单元格数量
查找函数	VLOOKUP 函数，搜索某个单元格区域的第一列，然后返回该区域相同行上的任何单元格的值
数据库函数	DCOUNTA 函数，返回数据库中满足指定条件的记录字段(列)中非空单元格的个数
文本函数	MID 函数，返回文本字符串中指定位置开始的特定数目的字符，该数目由用户指定
逻辑函数	IF 函数，如果指定条件为"真"，则返回值为表达式 1；如果指定条件为"假"，则返回值为表达式 2
信息函数	ISBLANK 函数，检验单元格值是否为空，若为空则返回 TRUE
工程函数	CONVERT 函数，将数字从一个度量系统转换为另一个度量系统
兼容性函数	RANK 函数，返回一个数字在数字列表中的排位
多维数据集函数	CUBEVALUE 函数，从多维数据集中返回汇总值
自定义函数	作为 Excel 的加载项，包含的函数作为自定义函数显示在这里备选

2. 函数应用简介

1) ABS 函数

函数名称：ABS。

主要功能：求出相应数字的绝对值。

使用格式：ABS(number)

参数说明：number 代表需要求绝对值的数值或引用的单元格。

应用举例：如果在 B2 单元格中输入公式=ABS(A2)，则在 A2 单元格中无论输入正数(如 100)还是负数(如−100)，B2 中均图示出正数(如 100)，如图 9-1 所示。

提醒：如果 number 参数不是数值，而是一些字符(如 A 等)，则 B2 中返回错误值"#VALUE!"。

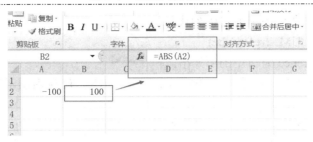

图 9-1　ABS 函数应用图示

2) AND 函数

函数名称：AND。

主要功能：返回逻辑值。如果所有参数值均为逻辑"真(TRUE)"，则返回逻辑"真(TRUE)"，反之返回逻辑"假(FALSE)"。

使用格式：AND(logical1，logical2，...)

参数说明：Logical1，Logical2,Logical3，……表示待测试的条件值或表达式，最多达 30 个。

应用举例：如图 9-2 所示，在 C5 单元格输入公式=AND(A5>60，B5>60)。如果 C5 中返回 TRUE，说明 A5 和 B5 中的数值均大于 60，如果返回 FALSE，说明 A5 和 B5 中的数值至少有一个小于等于 60。

特别提醒：如果指定的逻辑条件参数中包含非逻辑值时，则函数返回错误值"#VALUE!"或"#NAME"。

图 9-2　AND 函数应用图示

3) AVERAGE 函数

函数名称：AVERAGE。

主要功能：求出所有参数的算术平均值。

使用格式：AVERAGE(number1，number2,……)

参数说明：number1，number2，……表示需要求平均值的数值或引用单元格(区域)，参数不超过 30 个。

特别提醒：如果引用区域中包含"0"值单元格，则计算在内；如果引用区域中包含空白或字符单元格，则不计算在内。

4) COLUMN 函数

函数名称：COLUMN。

主要功能：图示所引用单元格的列标号值。

使用格式：COLUMN(reference)

参数说明：reference 为引用的单元格。

应用举例：在 C1 单元格中输入公式=COLUMN(B1)，确认后图示为 2(即 B 列)，如图 9-3 所示。

特别提醒：如果在 B1 单元格中输入公式=COLUMN()，也图示出 2；与之相对应的还有一个返回行标号值的函数——ROW(reference)。

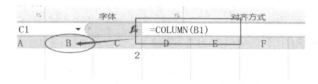

图 9-3   COLUMN 函数应用图示

5) CONCATENATE 函数

函数名称：CONCATENATE。

主要功能：将多个字符文本或单元格中的数据连接在一起，图示在一个单元格中。

使用格式：CONCATENATE(Text 1，Text 2……)

参数说明：Text 1、Text 2……为需要连接的字符文本或引用的单元格。

应用举例：在 C1 单元格中输入公式=CONCATENATE(A1,"@",B1,".com")，确认后即可将 A1 单元格中的字符、@、B1 单元格中的字符以及.com 连接成一个整体，图示在 C1 单元格中，如图 9-4 所示。

特别提醒：如果参数不是引用的单元格，且为文本格式，请给参数加上英文状态下的双引号，如果将上述公式改为=A1&"@"&B1&".com"，也能达到相同的目的。

图 9-4   CONCATENATE 函数应用图示

6) COUNTIF 函数

函数名称：COUNTIF。

主要功能：统计某个单元格区域中符合指定条件的单元格数目。

使用格式：COUNTIF(Range，Criteria)

参数说明：Range 代表要统计的单元格区域；Criteria 表示指定的条件表达式。

应用举例：在 C1 单元格中输入公式=COUNTIF(B1:B12,">80")，确认后即可统计出 B1 至 B12 单元格区域中，数值大于 80 的单元格数目，如图 9-5 所示。

特别提醒：允许引用的单元格区域中有空白单元格出现。

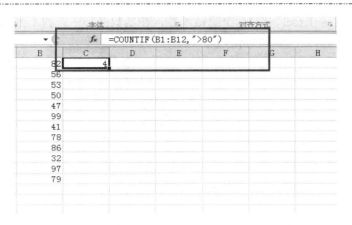

图 9-5　COUNTIF 函数应用图示

7) DATE 函数

函数名称：DATE。

主要功能：给出指定数值的日期。

使用格式：DATE(year，month，day)

参数说明：year 为指定的年份数值(小于 9999)；month 为指定的月份数值(可以大于 12)；day 为指定的天数。

应用举例：在 A1 单元格中输入公式=DATE(2013,13,35)，确认后图示出 2014-2-4，如图 9-6 所示。

特别提醒：由于上述公式中，月份为 13，多了一个月，顺延至 2004 年 1 月；天数为 35，比 2004 年 1 月的实际天数又多了 4 天，故又顺延至 2004 年 2 月 4 日。

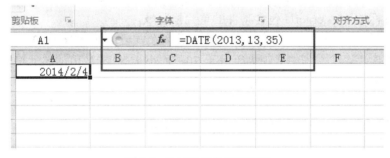

图 9-6　DATE 函数应用图示

8) DATEDIF 函数

函数名称：DATEDIF。

主要功能：计算返回两个日期参数的差值。

使用格式：=DATEDIF(date1,date2,"y")、=DATEDIF(date1,date2,"m")、=DATEDIF(date1,date2,"d")

参数说明：date1 代表前面一个日期，date2 代表后面一个日期；y(m、d)要求返回两个日期相差的年(月、天)数。

应用举例：在 C1 单元格中输入公式=DATEDIF(A1,TODAY(),"y")，确认后返回系统当前日期[用 TODAY()表示)与 A1 单元格中日期的差值，并返回相差的年数，如图 9-7 所示。

特别提醒：这是 Excel 中的一个隐藏函数，在函数向导中是找不到的，可以直接输入使用，对于计算年龄、工龄等非常有效。

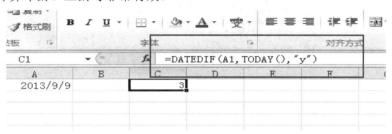

图 9-7　DATEDIF 函数的应用图示

9) DAY 函数

函数名称：DAY。

主要功能：求出指定日期或引用单元格中日期的天数。

使用格式：DAY(serial_number)

参数说明：serial_number 代表指定的日期或引用的单元格。

应用举例：输入公式=DAY("2003-12-18")，确认后，图示出 18。

特别提醒：如果是给定的日期，请包含在英文双引号中。

10) DCOUNT 函数

函数名称：DCOUNT。

主要功能：返回数据库或列表的列中满足指定条件并且包含数字的单元格数目。

使用格式：DCOUNT(database, field, criteria)

参数说明：database 表示需要统计的单元格区域；field 表示函数所使用的数据列(在第一行必须要有标志项)；criteria 包含条件的单元格区域。

应用举例：如图 9-8 所示，在 F4 单元格中输入公式=DCOUNT(A1:D11,"语文",F1:G2)，确认后即可求出"语文"列中成绩大于等于 70，而小于 80 的数值的单元格数目(相当于分数段人数)。

	fx	=DCOUNT(A1:D11,"语文",F1:G2)				
A	B	C	D	E	F	G
学号	姓名	性别	语文		语文	语文
10401	于*	男	89		>=70	<80
10402	张*	女	56			
10403	孙*	男	78			
10404	张*	女	56	该区间人数：		3
10405	乔*	男	66			
10406	张*	女	88			
10407	胡*	男	91			
10408	张*	女	75			
10409	周*	男	73			
10410	田*	女	82			

图 9-8　DCOUNT 函数应用图示 1

特别提醒：如果将上述公式修改为=DCOUNT(A1:D11,,F1:G2)，也可以达到相同的目的，如图 9-9 所示。

学号	姓名	性别	语文		语文	语文
10401	于*	男	89		>=70	<80
10402	张*	女	56			
10403	孙*	男	78			
10404	张*	女	56	该区间人数：		3
10405	乔*	男	66			
10406	张*	女	88			
10407	胡*	男	91			
10408	张*	女	75			
10409	周*	男	73			
10410	田*	女	82			

图 9-9　DCOUNT 函数应用图示 2

11) FREQUENCY 函数

函数名称：FREQUENCY。

主要功能：以一列垂直数组返回某个区域中数据的频率分布。

使用格式：FREQUENCY(data_array, bins_array)

参数说明：data_array 表示用来计算频率的一组数据或单元格区域；bins_array 表示为前面数组分隔一列数值。

应用举例：如图 9-10 所示，同时选中 I7 至 I11 单元格区域，输入公式=FREQUENCY(C5:C20,E6:E9)，输入完成后按下"Ctrl+Shift+Enter"组合键进行确认，即可求出 C5 至 C20 区域中,按 E6 至 DE9 区域进行分隔的各段数值的出现频率数目(相当于统计各分数段人数)。

特别提醒：上述输入的是一个数组公式，输入完成后，需要通过按"Ctrl+Shift+Enter"组合键进行确认，确认后公式两端出现一对大括号({})，此大括号不能直接输入。

I7　{=FREQUENCY(C5:C20,E6:E9)}

	姓名	专业	平均成绩		统计标准(即 间隔值)			项目	人数
5	陈曦阳	会计学	90.50						
6	李朝阳	经济学	71.75		59.99			60分以下	1
7	陈永	会计学	84.75		69.99			60~70分	1
8	李莉	金融学	69.25		79.99			70-80分	2
9	张剑	统计学	86.75		89.99			80-90分	11
10	李平国	会计学	87.00					90分以上	1
11	刘竹	会计学	58.00						
12	邓小飞	会计学	88.75						
13	郭荣	会计学	82.00						
14	封婷	经济学	88.25						
15	刘国治	经济学	81.50						
16	李午宴	经济学	85.50						
17	江朗	金融学	74.75						
18	张丽平	金融学	86.00						
19	孟浩然	电子商务	82.00						
20	曹风	金融学	83.25						

图 9-10　FREQUENCY 函数应用图示

12) IF 函数

函数名称：IF。

主要功能：根据对指定条件的逻辑判断的真假结果，返回相对应的内容。

使用格式：=IF(Logical, Value_if_true, Value_if_false)

参数说明：Logical 代表逻辑判断表达式；Value_if_true 表示当判断条件为逻辑"真(TRUE)"时的显示内容，如果忽略返回"TRUE"；Value_if_false 表示当判断条件为逻辑"假(FALSE)"时的显示内容，如果忽略返回"FALSE"。

应用举例：假设飞机托运行李的计费方法为：重量小于或等于50公斤时，单价为2元/公斤，如果行李的重量超过50公斤，则50公斤以下的部分仍然是2元/公斤，而超重部分的单价为5元/公斤。试编写计算公式计算判断行李是否超重及行李的运费。

计算过程如图9-11和图9-12所示。

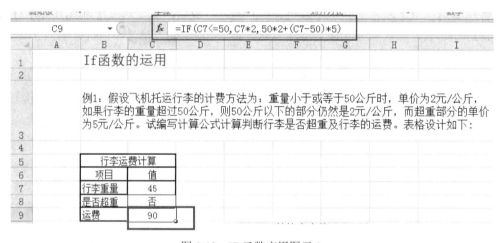

图 9-11　IF 函数应用图示 1

图 9-12　IF 函数应用图示 2

13) INDEX 函数

函数名称：INDEX。

主要功能：返回列表或数组中的元素值，此元素由行序号和列序号的索引值进行确定。

使用格式：INDEX(array, row_num, column_num)

参数说明：array 代表单元格区域或数组常量；row_num 表示指定的行序号(如果省略

row_num，则必须有 column_num)；column_num 表示指定的列序号(如果省略 column_num，则必须有 row_num)。

应用举例：如图 9-13 所示，针对课程表得出星期二第 3 节课是什么课，选中二维区域 B21:F28，在 D31 单元格中输入公式=INDEX(B21:F28,3,2)。

特别提醒：此处的行序号参数(row_num)和列序号参数(column_num)是相对于所引用的单元格区域而言的，不是 Excel 工作表中的行或列序号。

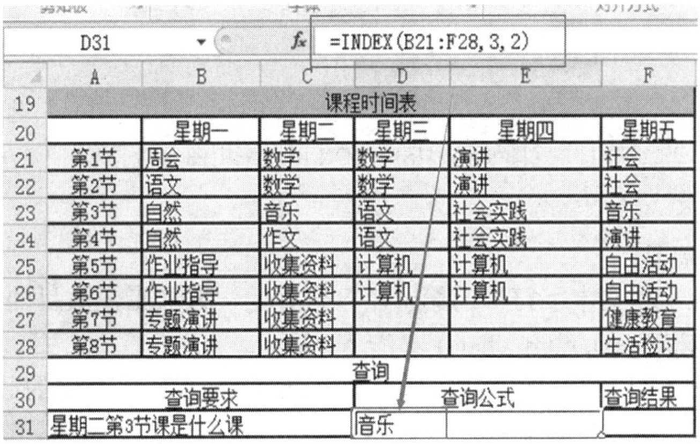

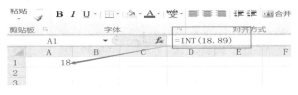

图 9-13　INDEX 函数应用图示

14) INT 函数

函数名称：INT。

主要功能：将数值向下取整为最接近的整数。

使用格式：INT(number)

参数说明：number 表示需要取整的数值或包含数值的引用单元格。

应用举例：输入公式=INT(18.89)，确认后输出值为 18，如图 9-14 所示。

特别提醒：在取整时，不进行四舍五入；如果输入的公式为=INT(-18.89)，则返回结果为-19。

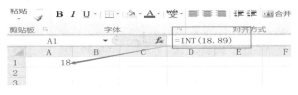

图 9-14　INT 函数应用图示

15) ISERROR 函数

函数名称：ISERROR。

主要功能：用于测试函数式返回的数值是否有错。如果有错，该函数返回 TRUE，反之返回 FALSE。

使用格式：ISERROR(value)

参数说明：value 表示需要测试的值或表达式。

应用举例：输入公式=ISERROR(A1/A2)，确认以后，如果 A2 单元格为空或"0"，则

A1/A2 出现错误，此时前述函数返回 TRUE 结果，反之返回 FALSE，如图 9-15 所示。

特别提醒：此函数通常与 IF 函数配套使用，如果将上述公式修改为 =IF(ISERROR(A1/B1),"",A1/B1)，如果 B1 为空或"0"，则相应的单元格显示为空，反之显示 A1/B1 的结果。

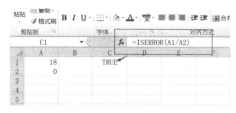

图 9-15　ISERROR 函数应用图示

16) LEFT 函数

函数名称：LEFT。

主要功能：从一个文本字符串的第一个字符开始，截取指定数目的字符。

使用格式：LEFT(text, num_chars)

参数说明：text 代表要截取字符的字符串；num_chars 代表给定的截取数目。

应用举例：假定 A1 单元格中保存了"我喜欢天极网"的字符串，在 C1 单元格中输入公式=LEFT(A1,3)，确认后即图示出"我喜欢"的字符，如图 9-16 所示。

特别提醒：此函数名的英文意思为"左"，即从左边截取，Excel 很多函数都取其英文的意思。

图 9-16　LEFT 函数应用图示

17) LEN 函数

函数名称：LEN。

主要功能：统计文本字符串中字符的数目。

使用格式：LEN(text)

参数说明：text 表示要统计的文本字符串。

应用举例：假定 A1 单元格中保存了"我今年 28 岁"的字符串，在 C1 单元格中输入公式=LEN(A1)，确认后即图示出统计结果"6"，如图 9-17 所示。

特别提醒：LEN 在统计时，无论是全角字符，还是半角字符，每个字符均计为"1"；与之相对应的一个函数——LENB，在统计时半角字符计为"1"，全角字符计为"2"。

图 9-17　LEN 函数应用图示

18) MATCH 函数

函数名称：MATCH。

主要功能：返回在指定方式下与指定数值匹配的数组中元素的相应位置。

使用格式：MATCH(lookup_value, lookup_array, match_type)

参数说明：lookup_value 代表需要在数据表中查找的数值；lookup_array 表示可能包含所要查找的数值的连续单元格区域；match_type 表示查找方式的值(–1、0 或 1)。

如果 match_type 为–1，查找大于或等于 lookup_value 的最小数值，lookup_array 必须按降序排列；

如果 match_type 为 1，查找小于或等于 lookup_value 的最大数值，lookup_array 必须按升序排列；

如果 match_type 为 0，查找等于 lookup_value 的第一个数值，lookup_array 可以按任何顺序排列；如果省略 match_type，则默认为 1。

应用举例：如图 9-18 所示，在 F56 单元格中输入公式=MATCH(E56,B56:B64,0)，确认后则返回查找的结果"1"，即"田七牙膏"这种产品在"商品名称"中的序号为 1。

特别提醒：Lookup_array 只能为一列或一行。

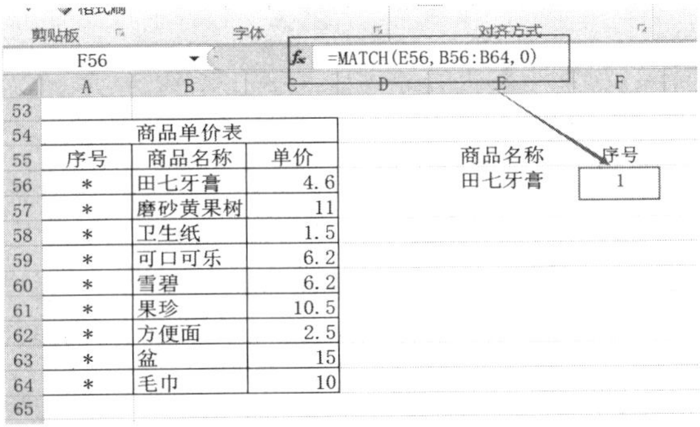

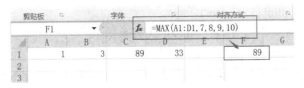

图 9-18　MATCH 函数应用图示

19) MAX 函数

函数名称：MAX。

主要功能：求出一组数中的最大值。

使用格式：MAX(number1, number2……)

参数说明：number1, number2……代表需要求最大值的数值或引用单元格(区域)，参数不超过 30 个。

应用举例：输入公式=MAX(A1:D1, 7, 8, 9, 10)，确认后即可图示出 A1 至 D1 单元格区域和数值 7、8、9、10 中的最大值为 89，如图 9-19 所示。

特别提醒：如果参数中有文本或逻辑值，则忽略。

图 9-19　MAX 函数应用图示

20) MID 函数

函数名称：MID。

主要功能：从一个文本字符串的指定位置开始，截取指定数目的字符。

使用格式：MID(text, start_num, num_chars)

参数说明：text 代表一个文本字符串；start_num 表示指定的起始位置；num_chars 表示要截取的数目。

应用举例：假定 A1 单元格中保存了"我喜欢天极网"的字符串，在 C1 单元格中输入公式=MID(A1,4,3)，确认后即显示出"天极网"的字符，如图 9-20 所示。

特别提醒：公式中各参数间要用英文状态下的逗号","隔开。

图 9-20   MID 函数应用图示

21) MIN 函数

函数名称：MIN。

主要功能：求出一组数中的最小值。

使用格式：MIN(number1, number2……)

参数说明：number1, number2……代表需要求最小值的数值或引用单元格(区域)，参数不超过 30 个。

应用举例：输入公式=MIN(A1:D1)，确认后即可显示出 A1 至 D1 单元格区域中的最小值为 2，如图 9-21 所示。

特别提醒：如果参数中有文本或逻辑值，则忽略。

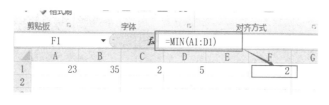

图 9-21   MIN 函数应用图示

22) MOD 函数

函数名称：MOD。

主要功能：求出两数相除的余数。

使用格式：MOD(number, divisor)

参数说明：number 代表被除数；divisor 代表除数。

应用举例：输入公式=MOD(13, 4)，确认后显示出结果"1"，如图 9-22 所示。

特别提醒：如果 divisor 参数为零，则显示错误值"#DIV/0!"。MOD 函数可以借用函数 INT 来表示，上述公式可以修改为=13-4*INT(13/4)。

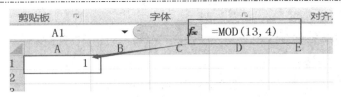

图 9-22   MOD 函数应用图示

23) MONTH 函数

函数名称：MONTH。

主要功能：求出指定日期或引用单元格中日期的月份。

使用格式：MONTH(serial_number)

参数说明：serial_number 代表指定的日期或引用的单元格。

应用举例：输入公式=MONTH("2016/12/18")，确认后显示出 12，如图 9-23 所示。

特别提醒：如果是给定的日期，请包含在英文双引号中；如果将上述公式修改为
=YEAR("2016/12/18")，则返回年份对应的值为"2016"。

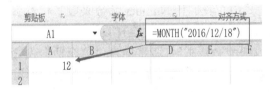

图 9-23   MONTH 函数应用图示

24) NOW 函数

函数名称：NOW。

主要功能：给出当前系统日期和时间。

使用格式：NOW()

参数说明：该函数不需要参数。

应用举例：输入公式=NOW()，确认后即可图示出当前系统日期和时间。如果系统日期
和时间发生了改变，只要按一下 F9 功能键，即可让其随之改变。

特别提醒：图示出来的日期和时间格式，可以通过单元格格式进行重新设置。

25) OR 函数

函数名称：OR。

主要功能：返回逻辑值，仅当所有参数值均为逻辑"假(FALSE)"时返回函数结果逻
辑"假(FALSE)"，否则都返回逻辑"真(TRUE)"。

使用格式：OR(logical1, logical2, ...)

参数说明：logical1, logical2, logical3,……表示待测试的条件值或表达式，最多达 30 个。

应用举例：在 C1 单元格输入公式=OR(A1>=60, B1>=60, A1=B1)，并确认，结果显示
为 FALSE，因为 OR 函数中三个参数逻辑值都为假，所以整个函数反馈值为假，如图 9-24
所示。

特别提醒：如果指定的逻辑条件参数中包含非逻辑值时，则函数返回错误值
"#VALUE!"或"#NAME"。

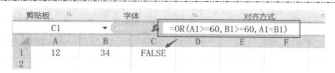

图 9-24　OR 函数应用图示

26) RANK 函数

函数名称：RANK。

主要功能：返回某一数值在一列数值中相对于其他数值的排位。

使用格式：RANK(Number, ref, order)

参数说明：Number 代表需要排序的数值；ref 代表排序数值所处的单元格区域；order 代表排序方式参数(如果为"0"或者忽略，则按降序排名，即数值越大，排名结果数值越小；如果为非"0"值，则按升序排名，即数值越大，排名结果数值越大)。

应用举例：如在 D3 至 D18 单元格中显示相对应的哲学成绩的排名，单元格中输入公式=RANK(C3, $C$3:$C$18, 0)，确认后即可得全班成绩的排名结果，如图 9-25 所示。

特别提醒：在上述公式中，我们让 Number 参数采取了相对引用形式，而让 ref 参数采取了绝对引用形式(增加了一个"$"符号)，这样设置后，选中 D3 单元格，将鼠标移至该单元格右下角，当光标成细十字线状时(通常称为"填充柄")，按住左键向下拖拉，即可将上述公式快速复制到 D 列下面的单元格中，完成其他同学成绩的排名统计。

	D3	▼	fx	=RANK(C3, $C$3:$C$18, 0)	
	A	B	C	D	E
1	学生成绩表				
2	姓名	专业	哲学	哲学平均成绩	
3	陈曦阳	金融	93	3	
4	李朝阳	计算机	57	16	
5	陈永	计算机	80	10	
6	李莉	会计	69	14	
7	张剑	金融	95	1	
8	李平国	会计	79	11	
9	刘竹	会计	66	15	
10	邓小飞	经济学	87	6	
11	郭荣	数学	85	8	
12	封婷	会计	88	5	
13	刘国治	计算机	76	12	
14	李午夏	金融	86	7	
15	江朗	数学	75	13	
16	张丽平	会计	95	1	
17	孟浩然	经济学	91	4	
18	曹风	数学	82	9	

图 9-25　RANK 函数应用图示

27) RIGHT 函数

函数名称：RIGHT。

主要功能：从一个文本字符串的最后一个字符开始，截取指定数目的字符。

使用格式：RIGHT(text, num_chars)

参数说明：text 代表要截取字符的字符串；num_chars 代表给定的截取数目。

应用举例：假定 A1 单元格中保存了"我喜欢天极网"的字符串，在 C1 单元格中输入公式=RIGHT(A1, 3)，确认后即图示出"天极网"的字符，如图 9-26 所示。

特别提醒：num_chars 参数必须大于或等于 0，如果忽略，则默认其为 1；如果 num_chars 参数大于文本长度，则函数返回整个文本。

图 9-26　RIGHT 函数应用图示

28) SUBTOTAL 函数

函数名称：SUBTOTAL。

主要功能：返回列表或数据库中的分类汇总。

使用格式：SUBTOTAL(function_num, ref1, ref2, ...)

参数说明：function_num 为 1～11(包含隐藏值)或 101～111(忽略隐藏值)之间的数字，用来指定使用什么函数在列表中进行分类汇总计算；ref1, ref2,……代表要进行分类汇总的区域或引用，不超过 29 个。

应用举例：如图 9-27 所示，在 B64 和 C64 单元格中分别输入公式=SUBTOTAL(3,C2:C63)和=SUBTOTAL103,C2:C63)，并且将 61 行隐藏起来，确认后，前者图示为 62(包括隐藏的行)，后者图示为 61，不包括隐藏的行。

特别提醒：如果采取自动筛选，无论 function_num 参数选用什么类型，SUBTOTAL 函数忽略任何不包括在筛选结果中的行；SUBTOTAL 函数适用于数据列或垂直区域，不适用于数据行或水平区域。

	A	B	C	D	E	F
1	学号	姓名	性别	语文		
56	10455	张55	男	67		
57	10456	张56	女	72		
58	10457	张57	女	73		
59	10458	张58	女	70		
60	10459	张59	男	72		
61	10460	张60	女	73		
62	10461	张61	女	75		
63	10462	张62	女	76		
64		62	61			
65						

fx =SUBTOTAL(103, C2:C63)

图 9-27　SUBTOTAL 函数应用图示

29) SUM 函数

函数名称：SUM。

主要功能：计算所有参数数值的和。

使用格式：SUM(Number1, Number2……)

参数说明：Number1、Number2……代表需要计算的值，可以是具体的数值、引用的单元格(区域)、逻辑值等。

应用举例：如图 9-28 所示，在 D64 单元格中输入公式=SUM(A1:D5)，确认后即可求出语文的总分。

　　特别提醒：如果参数为数组或引用，只有其中的数字将被计算，数组或引用中的空白单元格、逻辑值、文本或错误值将被忽略。

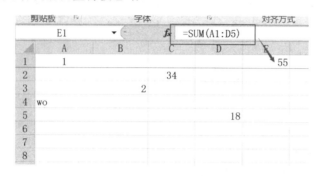

图 9-28　SUM 函数应用图示

30) SUMIF 函数

　　函数名称：SUMIF。

　　主要功能：计算符合指定条件的单元格区域内的数值和。

　　使用格式：SUMIF(Range, Criteria, Sum_Range)

　　参数说明：Range 代表条件判断的单元格区域；Criteria 为指定条件表达式；Sum_Range 代表需要计算的数值所在的单元格区域。

　　应用举例：如图 9-29 所示，计算售货员吴义的销售金额，在 I5 单元格中输入公式=SUMIF(F4:F11,H5, E4:E11)，确认后即可求出结果为 22、3。

图 9-29　SUMIF 函数应用图示

31) TEXT 函数

　　函数名称：TEXT。

　　主要功能：根据指定的数值格式将相应的数字转换为文本形式。

　　使用格式：TEXT(value,format_text)

　　参数说明：value 代表需要转换的数值或引用的单元格；format_text 为指定文字形式的数字格式。

应用举例：如果 A1 单元格中保存有数值 1280.45，在 B1 单元格中输入公式=TEXT(A1, "$0.00")，确认后图示为"$1280.45"，如图 9-30 所示。

特别提醒：format_text 参数可以根据"单元格格式"对话框中"数字"标签中的类型进行确定。

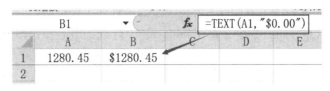

图 9-30　TEXT 函数应用图示

32) TODAY 函数

函数名称：TODAY。

主要功能：给出系统日期。

使用格式：TODAY()

参数说明：该函数不需要参数。

应用举例：输入公式=TODAY()，确认后即可图示出系统日期和时间。如果系统日期和时间发生了改变，只要按一下 F9 功能键，即可让其随之改变。

33) VALUE 函数

函数名称：VALUE。

主要功能：将一个代表数值的文本型字符串转换为数值型。

使用格式：VALUE(text)

参数说明：text 代表需要转换文本型字符串的数值。

应用举例：如图 9-31 中 A1 单元格中的数据是日期型的，在 B1 单元格中输入公式=VALUE(A1)，确认后，即可将其转换为数值型。

特别提醒：如果文本型数值无法转换为数值，在用函数处理这些数值时，常常返回错误。

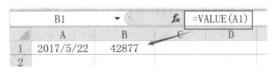

图 9-31　VALUE 函数应用图示

34) VLOOKUP 函数

函数名称：VLOOKUP。

主要功能：在数据表的首列查找指定的数值，并由此返回数据表当前行中指定列的数值。

使用格式：VLOOKUP(lookup_value, table_array, col_index_num, range_lookup)

参数说明：lookup_value 代表需要查找的数值；table_array 代表需要在其中查找数据的单元格区域；col_index_num 为在 table_array 区域中待返回的匹配值的列序号(当 Col_index_num 为 2 时，返回 table_array 第 2 列中的数值，为 3 时，返回第 3 列的值……)；

range_lookup 为一逻辑值，如果为 TRUE 或省略，则返回近似匹配值，即如果找不到精确匹配值，则返回小于 lookup_value 的最大数值；如果为 FALSE，则返回精确匹配值，如果找不到，则返回错误值#N/A。

应用举例：参见图 9-32，为得到雪碧产品的单价，根据价目表，设置函数为=VLOOKUP(E56,B56:C64,2,FALSE)，并确认，得到具体单价价格。

特别提醒：lookup_value 参数必须在 table_array 区域的首列中；如果忽略 range_lookup 参数，则 table_array 的首列必须进行排序；在此函数的向导中，有关 range_lookup 参数的用法是错误的。

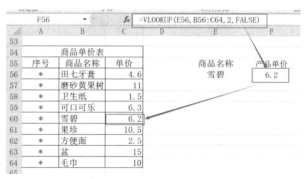

图 9-32　VLOOKUP 函数应用图示

35) WEEKDAY 函数

函数名称：WEEKDAY。

主要功能：给出指定日期对应的星期数。

使用格式：WEEKDAY(serial_number, return_type)

参数说明：serial_number 代表指定的日期或引用含有日期的单元格；return_type 代表星期的表示方式[当 Sunday(星期日)为 1、Saturday(星期六)为 7 时，该参数为 1；当 Monday(星期一)为 1、Sunday(星期日)为 7 时，该参数为 2(这种情况符合中国人的习惯)；当 Monday(星期一)为 0、Sunday(星期日)为 6 时，该参数为 3]。

应用举例：输入公式=WEEKDAY(TODAY(),2)，确认后即给出系统日期的星期数，如图 9-33 所示。

特别提醒：如果是指定的日期，请放在英文状态下的双引号中，如=WEEKDAY("2003/12/18",2)。

图 9-33　WEEKDAY 函数应用图示

第 10 章　数据分析与处理

在工作表中输入基础数据后，需要对数据进行组织、整理和排列等操作。为实现这一目的，Excel 提供了丰富的数据处理功能，可实现对大量、无序的原始数据资料进行深入处理与分析。

10.1　数据有效性

1. 数据有效性说明

数据有效性是指对于一个特定的单元格，如果录入该单元格的数据满足规定的条件，则说明该数据是有效的，否则是无效的。

在 Excel 中，每个单元格的初始状态没有规定任何条件，即每个单元格可以录入任何数据，但可以运用 Excel 的"数据有效性"命令来规定一个单元格(或单元格区域)中的数据需要满足什么条件。因此，对于一个特定的表格，可以规定该表格中某些单元格中需要录入的数据应满足的条件，使不满足条件的数据不能录入到表格中；也可以利用数据有效性来完成对某些选择性数据的输入，用下拉列表的形式来表示，使录入数据更直观。

2. 一般步骤

设置单元格(单元格区域)数据有效性的一般步骤如下：

(1) 选择要设置数据有效性的单元格(单元格区域)，如图 10-1 中的 C11 至 C22 区域，在图示位置选择要设置的性别。点击"数据"选项卡，选择"数据有效性"命令。

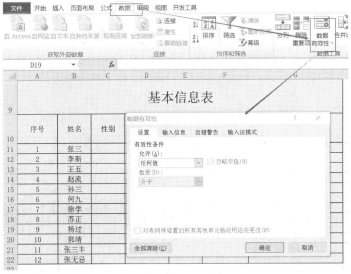

图 10-1　弹出对话框

(2) 使用"数据有效性"命令，在"允许"中选择"序列"，在"来源"里设置"男，女"，注意逗号要用英文符号，如图 10-2 所示。然后点击"确定"按钮后即可得出相应数据。

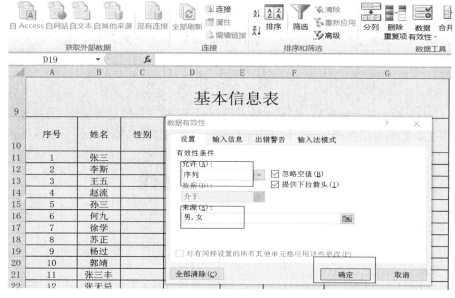

图 10-2 数据有效性设置确定

10.2 数 据 排 序

1. 排序说明

对于数据列表的记录数据，常常需要按一定的方式重新排序，一般是将数据列表中某一列的值按从小到大(升序)或从大到小(降序)的顺序重新排列。排序所依据的列称为关键字，排序时说明关键字的列名，如"单位"、"基本工资"等，有些列表没有列名，则可用列的坐标名代替。

2. 一般步骤

下面以图 10-3 中的工资表颠倒职工顺序为例介绍数据排序的一般步骤。

姓名	单位	基本工资	应发工资
张千一	财政局	3560.00	4066.36
李东	税务局	4320.00	5220.00
张车车	财政局	4100.00	5000.00
王万国	财政局	2800.00	3400.00
陈山	工商局	3300.00	3818.18
张东风	税务局	3800.00	4500.00
李四喜	工商局	4426.00	5326.00
刘爱舞	工商局	2800.00	3400.00
陈琪	财政局	5500.00	6200.00
王珊珊	工商局	2900.00	3500.00
张王	工商局	2700.00	3300.00

图 10-3 工资表原始数据

(1) 为颠倒职工在工资表中的顺序，可以在工资表中插入一序号列，为每一个职工加一个序号，如图 10-4 所示。

(2) 选择整个工资区域 A3:E14(不包括表名)，然后使用"排序"命令，如图 10-5 所示。

	A	B	C	D	E
1					
2			工资表		
3	序号	姓名	单位	基本工资	应发工资
4	1	张千一	财政局	3560.00	4066.36
5	2	李东	税务局	4320.00	5220.00
6	3	张车车	财政局	4100.00	5000.00
7	4	王万国	财政局	2800.00	3400.00
8	5	陈山	工商局	3300.00	3818.18
9	6	张东风	税务局	3800.00	4500.00
10	7	李四喜	工商局	4426.00	5326.00
11	8	刘爱舞	工商局	2800.00	3400.00
12	9	陈琪	财政局	5500.00	6200.00
13	10	王珊珊	工商局	2900.00	3500.00
14	11	张王	工商局	2700.00	3300.00
15					

图 10-4　插入序号列的工资表

图 10-5　排序命令

(3) 图 10-4 中职工的序号是按递增的顺序排列的，在本命令中，使职工的序号按降序排列，就可将职工的排列顺序颠倒。在如图 10-6 所示的对话框中将"次序"选项设置为"降序"即可。

图 10-6　按序号降序排列设置

(4) 排序后的结果如图 10-7 所示，如果不需要"序号"列，完成排序后可以删除该列。

工资表				
序号	姓名	单位	基本工资	应发工资
11	张王	工商局	2700.00	3300.00
10	王珊珊	工商局	2900.00	3500.00
9	陈琪	财政局	5500.00	6200.00
8	刘爱舞	工商局	2800.00	3400.00
7	李四喜	工商局	4426.00	5326.00
6	张东风	税务局	3800.00	4500.00
5	陈山	工商局	3300.00	3818.18
4	王万国	财政局	2800.00	3400.00
3	张车车	财政局	4100.00	5000.00
2	李东	税务局	4320.00	5220.00
1	张千一	财政局	3560.00	4066.36

图 10-7　职工排列顺序颠倒后的效果

在图 10-3 的工资表中，使同一单位的职工排列在一起且同一单位的职工按基本工资升序排列，步骤如下：

(1) 选择整个工资区域，并使用"排序"命令。

(2) 由于先按单位排序，然后按基本工资排序，所以"主要关键字"为"单位"，"次要关键字"为"基本工资"且"次序"为"升序"，如图 10-8 所示。

图 10-8　先按单位排序，再按基本工资排序的设置

(3) 设置完成后得到的结果如图 10-9 所示。

工资表			
姓名	单位	基本工资	应发工资
王万国	财政局	2800.00	3400.00
张千一	财政局	3560.00	4066.36
张车车	财政局	4100.00	5000.00
陈琪	财政局	5500.00	6200.00
张王	工商局	2700.00	3300.00
刘爱舞	工商局	2800.00	3400.00
王珊珊	工商局	2900.00	3500.00
陈山	工商局	3300.00	3818.18
李四喜	工商局	4426.00	5326.00
张东风	税务局	3800.00	4500.00
李东	税务局	4320.00	5220.00

图 10-9　先按单位排序，再按基本工资排序的结果

10.3　数　据　筛　选

1. 数据筛选说明

数据筛选就是按某种条件筛选出指定数据列表中满足条件的记录。在筛选时，Excel 仅将满足条件的记录显示出来，而不满足条件的记录则隐藏起来不显示(但并没有删除这些记录)，筛选出来的记录可以复制到 Excel 工作表的其他位置做进一步的处理。当取消筛选后，原始数据列表按原来的记录顺序再次被完整地显示出来。

Excel 的筛选分为自动筛选和高级筛选。

自动筛选是指对选定的数据列表使用自动筛选命令，然后 Excel 在数据列表的每一个字段名处添加一个下拉列表，用户根据筛选要求，通过下拉列表设置筛选条件，然后 Excel 自动隐去不满足条件的记录，只显示满足条件的记录。

自动筛选可以对多个字段(列)设置筛选条件，筛选出同时满足多个条件的记录，但不能筛选出只满足部分条件的记录。如果筛选条件有多个，且需要筛选出满足部分条件的记录时，则需要使用 Excel 的高级筛选命令。

2. 一般步骤

对图 10-10 所示工资表用 Excel 的自动筛选命令做如下筛选：

(1) 选出财政局及工商局的所有职工；

(2) 选出税务局基本工资在 3500 元～5000 元之间的所有职工。

	A	B	C	D	E
1					
2	姓名	单位	基本工资	应发工资	
3	张千一	财政局	3560.00	4066.36	
4	李东	税务局	4320.00	5220.00	
5	张车车	财政局	4100.00	5000.00	
6	王万国	财政局	2800.00	3400.00	
7	陈山	工商局	3300.00	3818.18	
8	张东风	税务局	3800.00	4500.00	
9	李四喜	工商局	4426.00	5326.00	
10	刘爱舞	工商局	2800.00	3400.00	
11	陈琪	财政局	5500.00	6200.00	
12	王珊珊	工商局	2900.00	3500.00	
13	张王	工商局	2700.00	3300.00	

图 10-10　工资初始表

(1) 选出财政局及工商局的所有职工的步骤如下：

步骤 1：选定职工工资表所在区域 A2:D13(不包括表名)，然后使用"筛选"命令，如图 10-11 所示。

步骤 2：通过下拉列表设置筛选条件，如图 10-12 所示。

图 10-11　数据列表数据筛选命令　　　　　图 10-12　设置筛选条件

设置完成后，得到如图 10-13 所示的结果。

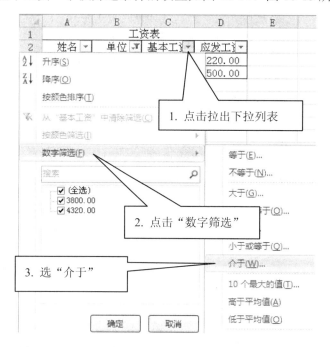

图 10-13 筛选出财政局和工商局的所有职工

(2) 选出税务局基本工资在 3500 元～5000 元的所有职工的步骤如下：

这个筛选要求需要设置 2 个字段的筛选条件，"单位"字段设置为"税务局"，设置方法见图 10-12；"基本工资"字段筛选条件的设置如图 10-14、图 10-15 所示。

图 10-14 设置基本工资在 3500 元～5000 元的筛选条件 1

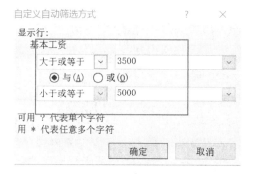

图 10-15 设置基本工资在 3500 元～5000 元的筛选条件 2

设置完成后，得到如图 10-16 所示结果。

	A	B	C	D
1	工资表			
2	姓名	单位	基本工资	应发工资
4	李东	税务局	4320.00	5220.00
8	张东风	税务局	3800.00	4500.00
14				
15				
16				
17				

图 10-16　税务局基本工资在 3500 元～5000 元之间的所有职工

例　对图 10-10 的工资表用 Excel 的高级筛选命令做如下筛选：

(1) 选出财政局及工商局的所有职工；

(2) 选出财政局基本工资在 3000 元～5000 元的所有职工。

(3) 选出税务局基本工资在 4000 元以下的所有职工及工商局基本工资在 3000 元以上的所有职工。

解：高级筛选操作的基本步骤为：

(1) 根据筛选要求，在工作表的一个矩形区域设置筛选条件(这个区域称为条件区域)。

(2) 选定要做筛选的数据列表，并使用高级筛选命令。

(3) 在高级筛选命令的参数对话框中，说明数据列表区域的坐标、条件区域的坐标，以及如果筛选结果需要复制到工作表中的其他区域，则给出目标区域左上角的单元格坐标。

条件区域及筛选条件的设置：

条件区域是一个矩形区域，该区域的第 1 行为数据列表的字段名，第 2 行及以下行为"以关系运算符开始具体的条件"，由第 1 行的字段名及其后各行的具体条件构成完整的筛选条件。同一列可以有多个条件，这些条件之间为"或"的关系；条件区域同一行的多个条件之间为"与"的关系。

表 10-1 所示的条件区域设置了 2 个条件："基本工资<2500"、"基本工资>=4000"，由于这 2 个条件在不同的行，所以 2 个条件为"或"的关系，所以该条件区域设置的完成条件为："从工资表中筛选出所有基本工资小于 2500 元或基本工资大于等于 4000 元的所有职工"。

表 10-1　条件区域设置示例 1

基本工资	
<2500	
>=4000	

表 10-2 所示的条件区域同样设置了 2 个条件："基本工资>=2500"、"基本工资<=4000"，由于这 2 个条件在同一行，所以 2 个条件为"与"的关系，即"从工资表中筛选出基本工资在 2500 元～4000 元之间的所有职工"。

表 10-2　条件区域设置示例 2

基本工资	基本工资
>=2500	<=4000

表 10-3 所示的条件区域同样设置了 2 个条件：“单位=财政局”(当为等于关系时，具体条件中的等号要省略)、“基本工资<=4000”，由于这 2 个条件在同一行，所以 2 个条件为“与”的关系，表示的完成条件为“从工资表中筛选出财政局的基本工资在 4000 元及以下的所有职工”。

表 10-3　条件区域设置示例 3

单位	基本工资
财政局	<=4000

表 10-4 所示的条件区域同样设置了 2 个条件：“单位=财政局”、“基本工资<=4000”，由于这 2 个条件不在同一行，所以 2 个条件为“或”的关系，表示的完成条件为“从工资表中筛选出财政局的所有职工及工资表中所有基本工资在 4000 元以下的职工”。

表 10-4　条件区域设置示例 4

单位	基本工资
财政局	
	<=4000

(1) 选出财政局及工商局的所有职工。

由于需要选出的职工其单位应该是财政局或工商局，这是 2 个条件，且这 2 个条件是“或”的关系，所以在条件区域中，2 个条件应放在不同的行中。根据该筛选要求设置的条件区域，高级筛选命令的使用见图 10-17，筛选结果见图 10-18。

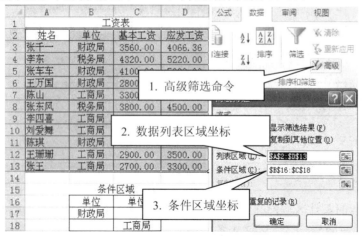

图 10-17　选出财政局及工商局的所有职工的条件设置及命令参数设置

图 10-18　选出财政局及工商局的所有职工的结果

(2) 选出财政局基本工资在 3000 元～5000 元的所有职工。

该筛选要求有 3 个条件 "单位=财政局"、"基本工资>=3000"、"基本工资<=5000"，且选出的职工必须同时满足这 3 个条件，所以 3 个条件必须设置在条件区域中的同一行。该筛选要求的条件设置及高级筛选的命令参数设置见图 10-19，筛选结果见图 10-20。

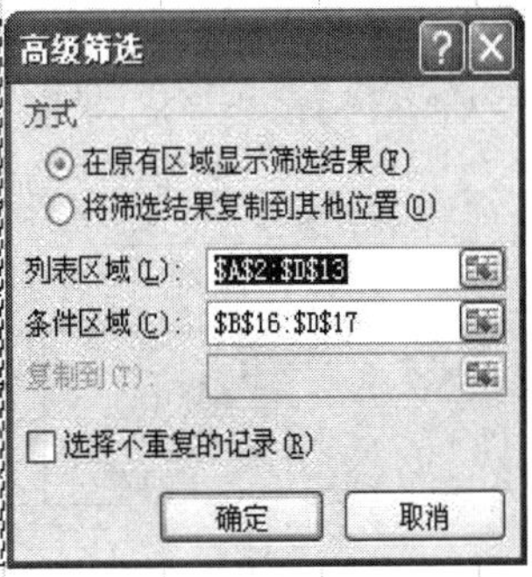

图 10-19　选出财政局基本工资在 3000 元～5000 元的所有职工的条件设置及命令参数设置

图 10-20　选出财政局基本工资在 3000 元～5000 元的所有职工的筛选结果

(3) 选出税务局基本工资在 4000 元以下的所有职工及工商局基本工资在 3000 元以上的所有职工。

该筛选要求有 4 个条件："单位=税务局"并且"基本工资<4000"，或者"单位=工商局"并且"基本工资>4000"。前 2 个条件要同时满足，所以必须在同一行；后 2 个条件也要同时满足，但与前 2 个条件为"或者"的关系，所以应设置在另一行。该筛选要求的条件设置及命令参数的设置见图 10-21，筛选结果见图 10-22。

图 10-21　选出税务局基本工资在 4000 元以下的所有职工及工商局基本工资在 3000 元以上的
所有职工的条件设置及命令参数设置

图 10-22　选出税务局基本工资在 4000 元以下的所有职工及工商局基本工资在 3000 元以上的
所有职工的筛选结果

10.4　数 据 合 并

1. 数据合并说明

在实际应用中，经常需要将多张格式基本相同的数据列表的数据做某种合并，形成一张与原始报表格式基本相同的新的数据列表。例如，一个单位每个月的工资报表格式基本相同，如果要根据各月的工资表生成一年的工资汇总表，则需要将各月的工资报表的数据进行合并计算才能得到工资汇总表的数据。再例如，可以将一个企业各年度的利润表数据合并到一张利润汇总表中，以便分析该企业各年利润的变化情况。

当有多张格式基本相同的数据列表的数据需要合并后产生一张与原始数据列表格式相同的新的数据列表时，Excel 提供了报表合并的功能，所使用的命令为"合并计算"。

2．一般步骤

根据图 10-23 中天成公司 1～4 月份的工资表数据，运用"合并计算"命令生成天成公司 1～4 月份工资汇总表。

	A	B	C	D	E	F	G	H	I	J	K
1	天成公司1月份工资表						天成公司2月份工资表				
2	姓名	工资	交通补贴	合计			姓名	工资	交通补贴	通讯费	合计
3	李大顺	3560	150	3710			李大顺	3560	150	200	3910
4	郑丹丹	4320	200	4520			郑丹丹	4320	200	100	4620
5	陈诚	4100	200	4300			陈诚	4100	200	200	4500
6	王华	3300	150	3450			王华	3300	150	100	3550
7	马成龙	3800	150	3950			马成龙	3800	150	100	4050
8	谢客	4426	200	4626			谢客	4426	200	100	4726
9	包青天	2800	100	2900			包青天	2800	100	150	3050
10	宋高竹	3300	150	3450			宋高竹	3300	150	200	3650
11	孙丽丽	2900	100	3000			孙丽丽	2900	100	100	3100
12	刘斌	2700	100	2800			刘斌	2700	100	100	2900
13							军文武	2800	100	100	3000
14							林冲	3300	150	100	3550
15											
16	天成公司3月份工资表						天成公司4月份工资表				
17	姓名	工资	通讯费	交通补贴	合计		姓名	工资	通讯费	交通补贴	合计
18	李大顺	3560	200	150	3910		李大顺	3960	200	150	4310
19	陈诚	4100	200	200	4500		陈诚	4100	200	200	4500
20	王华	3300	100	150	3550		王华	3300	100	150	3550
21	马成龙	3800	100	150	4050		马成龙	3800	100	150	4050
22	谢客	4426	100	200	4726		谢客	4426	100	200	4726
23	宋高竹	3300	100	150	3650		宋高竹	3300	200	150	3650
24	孙丽丽	2900	100	100	3100		孙丽丽	2900	100	100	3100
25	刘斌	2700	100	100	2900		刘斌	2700	100	100	2900
26	军文武	2800	100	100	3000		军文武	2800	100	100	3000
27	林冲	3300	100	150	3550		林冲	3300	100	150	3550
28	杜鹏琳	3800	100	150	4050		杜鹏琳	3800	100	150	4050

图 10-23　天成公式 1～4 月份工资表

报表合并的基本步骤如下：

(1) 确定合并后得到的新报表在工作表中的位置，并使用"合并计算"命令，如图 10-24 所示。

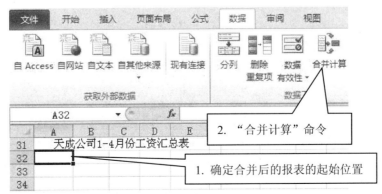

图 10-24　"合并计算"命令的使用

(2) 设置"合并计算"命令的参数，如图 10-25 所示。

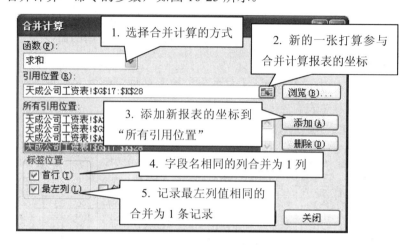

图 10-25　"合并计算"命令的参数设置

"合并计算"命令对话框中各参数的含义如下：

函数——合并计算可以有多种方式：求和、计数、平均值、最大值、最小值、……，例如"求和"就是将各报表中相同属性的数据相加，"最大值"就是选出各报表中相同属性的最大值等。

所有引用位置——参与合并计算的所有报表在文件中的单元格区域坐标，一行代表一张报表。

引用位置——如果要添加一张新的报表参与到合并计算中，则在此处先给出该报表所在单元格区域的坐标，然后点击"添加"命令按钮；如果要删除"所有引用位置"中的某张报表，则先点击"所有引用位置"中该报表的单元格区域坐标，该坐标出现在引用位置后，点击"删除"。

首行——各报表中字段名相同的列的数据进行合并，各字段在各报表中位置不相同也没有关系。

最左列——报表中各条记录(报表中的一行数据)，根据最左边字段名的值合并为一条记录。

(3) 对合并后报表进行适当修饰，如图 10-26 所示。

	A	B	C	D	E
31	天成公司1-4月份工资汇总表				
32	姓名	工资	交通补贴	通讯费	合计
33	李大顺	14640	600	600	15840
34	郑丹丹	8640	400	100	9140
35	陈诚	16400	800	600	17800
36	王华	13200	600	300	14100
37	马成龙	15200	600	300	16100
38	谢客	17704	800	300	18804
39	包青天	5600	200	150	5950
40	宋高竹	13200	600	600	14400
41	孙丽丽	11600	400	300	12300
42	刘斌	10800	400	300	11500
43	军文武	8400	300	300	9000
44	林冲	9900	450	300	10650
45	杜鹏琳	7600	300	200	8100

图 10-26　"合并计算"生成的工资汇总表

10.5　数 据 分 列

1. 数据分列说明

有时从网站通过复制粘贴得到的数据，或从其他渠道得到的文本数据是非表格型数据，这时，多列数据往往在 Excel 工作表中表现为一列，这时需要将一列数据拆分成多列数据。

2. 一般步骤

对图 10-27 所示的数据进行分列，步骤如下：

(1) 选择要转换的数据区域，如图 10-27 所示。

(2) 在"数据"选项卡上的"数据工具"组中单击"分列"选项，如图 10-28 所示。

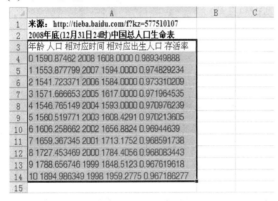

图 10-27　数据列原始数据　　　　　　　　　图 10-28　数据分列命令菜单

(3) 在"文本分列向导-第 1 步，共 3 步"中，单击"分隔符号"单选项，然后单击"下一步"按钮，如图 10-29 所示。

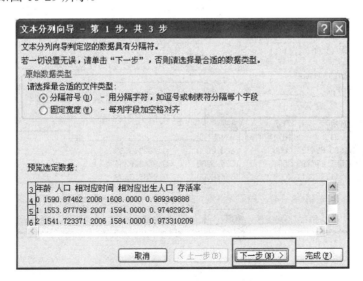

图 10-29　分列设置向导 1

(4) 在弹出的对话框中选中"空格"复选框，然后清除"分隔符号"下面的其他复选框，如图 10-30 所示。

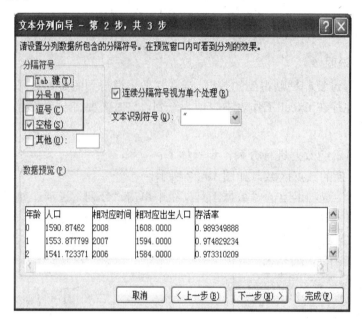

图 10-30　分列设置向导 2

(5) 接下来单击"数据预览"框中的一列，然后单击"列数据格式"下的"文本"单选框，如图 10-31 所示。

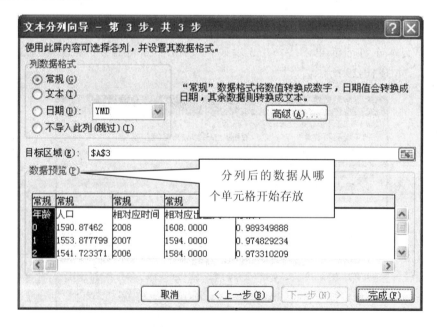

图 10-31　分列设置向导 3

(6) "分列"完成后的形式如图 10-32 所示。

	A	B	C	D	E
1	来源: http://tieba.baidu.com/f?kz=577510107				
2	2008年底(12月31日24时)中国总人口生命表				
3	年龄	人口	相对应时间	相对应出生人口	存活率
4	0	1590.875	2008	1608.0000	0.989349888
5	1	1553.878	2007	1594.0000	0.974829234
6	2	1541.723	2006	1584.0000	0.973310209
7	3	1571.667	2005	1617.0000	0.971964535
8	4	1546.765	2004	1593.0000	0.970976239
9	5	1560.520	2003	1608.4291	0.970213605
10	6	1606.259	2002	1656.8824	0.96944639
11	7	1659.367	2001	1713.1752	0.968591738
12	8	1727.453	2000	1784.4056	0.968083443
13	9	1788.657	1999	1848.5123	0.967619618
14	10	1894.986	1998	1959.2775	0.967186277

图 10-32 列数据分列后的结果

10.6 删除重复项

1. 删除重复项说明

当 Excel 工作表中的一个区域中有多项不规则的重复项,且仅需要保留唯一的不同项时,则需要删除重复项。例如,某高校新生来自多个不同的省份,现在想通过所有学生的生源地字段,筛选出所有学生来自哪些省份,则可应用删除重复项功能。

2. 一般步骤

根据图 10-33,确定选课的学生来自哪些专业。

(1) 复制所有学生的专业名称至 D 列,如图 10-34 所示。

图 10-33 学生选课名单

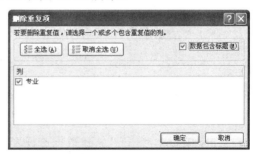

图 10-34 复制选课学生的专业名称

(2) 使用"删除重复项"命令,如图 10-35 和图 10-36 所示。

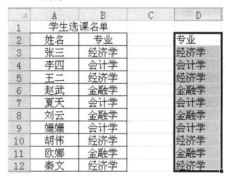

图 10-35 删除重复项命令　　　　　　图 10-36 "删除重复项"对话框

(3) 完成后的效果如图 10-37 所示。

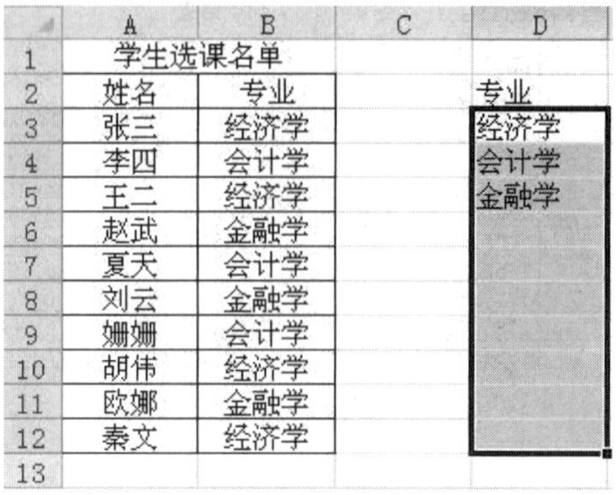

	A	B	C	D
1	学生选课名单			
2	姓名	专业		专业
3	张三	经济学		经济学
4	李四	会计学		会计学
5	王二	经济学		金融学
6	赵武	金融学		
7	夏天	会计学		
8	刘云	金融学		
9	姗姗	会计学		
10	胡伟	经济学		
11	欧娜	金融学		
12	秦文	经济学		
13				

图 10-37　删除重复项后得到唯一的专业名称

10.7　数据透视表的建立

1. 数据透视表说明

数据透视表是一种交互式的表，可以进行某些计算，如求和与计数等。之所以称为数据透视表，是因为可以动态地改变它们的版面布置，以便按照不同方式分析数据，也可以重新安排行号、列标和页字段。每一次改变版面布置时，数据透视表会立即按照新的布置重新计算数据。另外，如果原始数据发生更改，则可以更新数据透视表。

2. 一般步骤

如图 10-38 所示是某商场销售情况表格。若要针对第一季度各物品销售额度进行汇总，步骤如下：

(1) 选择“插入”选项卡中的“数据透视表”选项，如图 10-38 所示。

	A	B	C	D	E
1	某商场销售情况表(单位:万元)				
2	部门名称	第一季度	第二季度	第三季度	第四季度
3	家电部	26.4	72.4	34.5	63.5
4	服装部	35.6	23.4	54.5	58.4
5	食品部	46.2	54.6	64.7	67.9

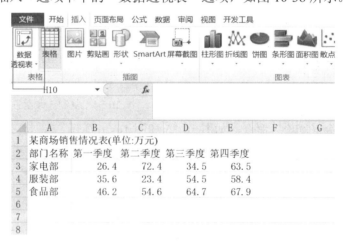

图 10-38　选择“数据透视表”选项

(2) 点击确定后，弹出“创建数据透视表”对话框，在对话框中设置“选择放置数据透视表的位置”为“现有工作表”，如图 10-39 所示，选择 G2 单元格为存放位置。

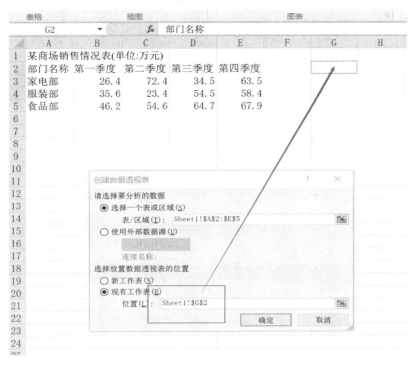

图 10-39　选择透视表存放位置

(3) 点击"确定"后，出现如图 10-40 右侧所示的"选择要添加到报表的字段"，将"第一季度"拖进"行标签"和"数值"中，出现左侧所示的数据表。

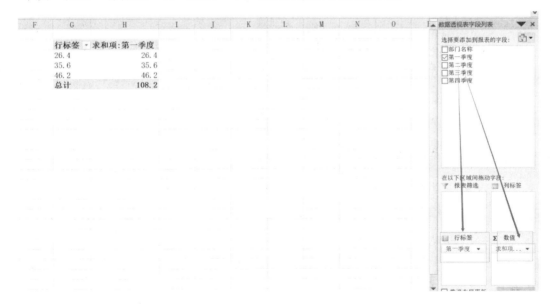

图 10-40　选择要添加到报表的字段

(4) 注意：在"数值"选项中点击右键可以选择值字段设置，如图 10-41(a)所示。在"值字段汇总方式"中，可以设置多种类型的汇总方式，本文中选择的是"求和"，最终值显示如图 10-41(b)所示。

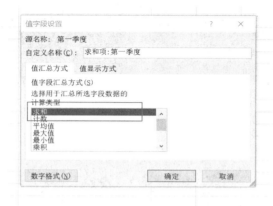

(a) 值字段的设置

某商场销售情况表(单位:万元)

部门名称	第一季度	第二季度	第三季度	第四季度		行标签 ▼	求和项:第一季度
家电部	26.4	72.4	34.5	63.5		26.4	26.4
服装部	35.6	23.4	54.5	58.4		35.6	35.6
食品部	46.2	54.6	64.7	67.9		46.2	46.2
						总计	108.2

(b) "求和"汇总方式的最终值显示

图 10-41　值字段设置和最终值显示

PowerPoint 篇

第11章　快速创建演示文稿

PowerPoint 演示文稿是以.pptx 为扩展名的文档。一份演示文稿由若干张幻灯片组成，按序号由小到大排列。启动 Microsoft PowerPoint 2010，即可开始使用 PowerPoint 创建演示文稿。

PowerPoint 的功能是通过其窗口实现的。启动 PowerPoint 即打开 PowerPoint 工作窗口，如图 11-1 所示。工作窗口由快速访问工具栏、标题栏、选项卡、功能区、幻灯片/大纲浏览窗格、幻灯片窗格、备注窗格、状态栏、视图按钮、显示比例按钮等部分组成。

图 11-1　PowerPoint 工作窗口

在普通视图下，演示文稿编辑区包括左侧的幻灯片/大纲浏览窗格、右侧中部的幻灯片窗格和右侧下方的备注窗格。拖动窗格之间的分界线或显示比例按钮可以调整各窗格的大小。

(1) 幻灯片/大纲浏览窗格：含有"幻灯片"和"大纲"两个选项卡。单击"幻灯片"选项卡，可以显示各幻灯片缩览图。单击某幻灯片缩览图，将立即在幻灯片窗格中显示该幻灯片。利用幻灯片/大纲浏览窗格可以重新排序、添加或删除幻灯片。在"大纲"选项卡中，可以显示、编辑各幻灯片的标题与正文信息。在幻灯片中编辑标题或正文信息时，大纲窗格内容也同步变化。

(2) 幻灯片窗格：显示当前幻灯片的内容，包括文本、图片、表格等各种对象，在该窗格中可编辑幻灯片内容。

(3) 备注窗格：用于标注对幻灯片的解释、说明等备注信息，以供参考。

11.1　多途径创建新演示文稿

创建新演示文稿主要采用如下几种方式：新建空白演示文稿、根据主题、根据模板和根据现有演示文稿创建演示文稿等。

1. 新建空白演示文稿

使用空白演示文稿方式，可以创建一个没有涉及方案和示例文本的空白演示文稿，而且完全根据自己的需要选择幻灯片版式开始演示文稿的制作。

方法 1：启动 PowerPoint 软件自动建立新演示文稿，默认命名为"演示文稿 1"，在保存演示文稿时重新命名即可。

方法 2：单击快速访问工具栏中的"新建"按钮。

方法 3：单击"文件"选项卡上的"新建"命令，在"可用的模板和主题"下双击"空白演示文稿"，如图 11-2 所示。

图 11-2　新建空白演示文稿

2. 根据主题创建演示文稿

主题是事先设计好的一组演示文稿的样式框架，规定了演示文稿的外观样式，包括母版、配色、文字格式等。可直接在软件提供的各种主题中选择一个适合自己的主题创建一个演示文稿，使整个演示文稿外观一致。

(1) 单击"文件"选项卡上的"新建"命令，在"可用模板和主题"下单击"主题"

图标。

(2) 在"主题"列表中，单击选择某一主题，如"奥斯汀"。

(3) 单击"创建"按钮，将基于所选主题创建一份演示文稿，如图 11-3 所示。

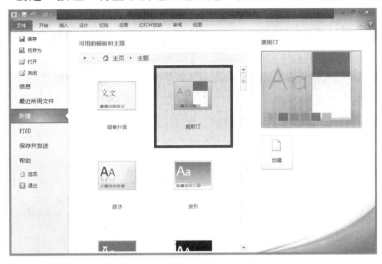

图 11-3 基于主题创建演示文稿

3. 基于模板创建演示文稿

模板是事先设计好的演示文稿样本，一般有明确用途，PowerPoint 软件提供了丰富多彩的模板以供选用。

(1) 单击"文件"选项卡上的"新建"命令，在"可用的模板和主题"下单击"样本模板"图标。

(2) 在"样本模板"列表中，单击选择某一模板，如"古典型相册"。

(3) 单击"创建"按钮，将基于所选模板创建一份演示文稿，如图 11-4 所示。

提示：如果计算机接入互联网，则可通过选择"office.com 模板"来应用更多的模板类型。

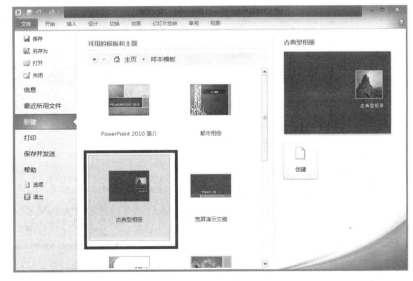

图 11-4 基于模板创建演示文稿

4．根据现有演示文稿创建演示文稿

根据现有演示文稿方式，可以基于已有的演示文稿的风格样式创建新的演示文稿。使用此方法可快速创建与现有演示文稿类似的文档，适当修改完善后即可使用。

(1) 单击"文件"选项卡上的"新建"命令。

(2) 在"可用的模板和主题"下单击"根据现有内容新建"图标，如图 11-5 所示，打开"根据现有演示文稿新建"对话框。

图 11-5　根据现有演示文稿创建

(3) 在列表中选择某一文件，单击"新建"按钮即可，如图 11-6 所示。

图 11-6　"根据现有演示文稿新建"对话框

11.2　调整幻灯片的大小和方向

默认情况下，幻灯片的大小为"全屏显示(4:3)"格式，幻灯片版式设置为横向方向。在幻灯片制作过程中，可以根据实际需要更改其大小和方向。

1. 设置幻灯片大小

设置幻灯片大小的方法如下：

(1) 打开演示文稿，在"设计"选项卡的"页面设置"组中单击"页面设置"按钮，打开"页面设置"对话框。

(2) 从"幻灯片大小"下拉列表中选择某一类型。如果需要自定义幻灯片大小，可以单击"自定义"命令，然后分别在"宽度"、"高度"文本框中输入相应的数值，如图 11-7 所示。

(a)

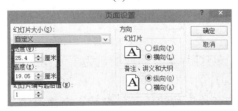

(b)

(c)

图 11-7　设置幻灯片大小

2. 调整幻灯片方向

若要将演示文稿中的所有幻灯片更改为纵向显示，可在"设计"选项卡的"页面设置"组中单击"幻灯片方向"按钮，从打开的下拉列表中选择"纵向"即可。

11.3 幻灯片的基本操作

1. 选择幻灯片

在普通视图下，可采用以下方法选择幻灯片：

(1) 单击某张幻灯片即可选中该幻灯片。

(2) 单击选中首张幻灯片，按下 Shift 键再单击末张幻灯片，可选中连续的幻灯片。

(3) 单击选中某张幻灯片，按下 Ctrl 键再单击其他幻灯片，可选中不连续的幻灯片。

2. 向幻灯片添加内容

出现在幻灯片中的虚线框为占位符，绝大部分幻灯片版式中都有这种占位符。在这些占位符内可以放置标题、正文、图表、表格和图片等对象，如图 11-8 所示。

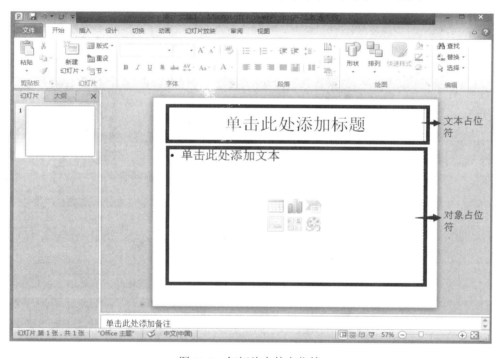

图 11-8　幻灯片中的占位符

3. 插入幻灯片

一个演示文稿是由多个幻灯片组合而成的，为了制作的需要，有时需要在演示文稿中插入新的幻灯片。插入幻灯片的方法如下：

方法 1：使用"新建幻灯片"按钮插入幻灯片。新建演示文稿，选择"开始"选项卡，在"幻灯片"组中单击"新建幻灯片"按钮，即可插入一张新的幻灯片，如图 11-9 所示。

第 11 章 快速创建演示文稿· 177 ·

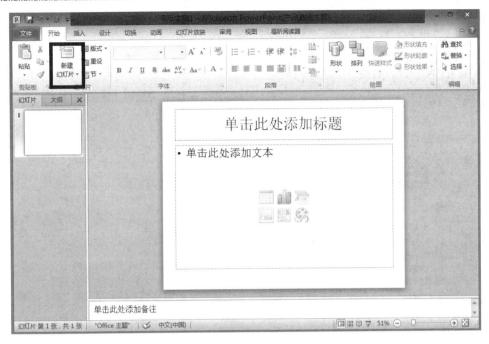

图 11-9 使用"新建幻灯片"按钮插入幻灯片

方法 2：使用功能区命令创建幻灯片。选择"开始"选项卡，单击"幻灯片"组中的"新建幻灯片"按钮选择新建幻灯片版式，如图 11-10 所示。

图 11-10 使用功能区命令创建幻灯片

方法 3：使用快捷菜单创建幻灯片。在"幻灯片"窗格中右击幻灯片，在弹出的快捷菜单中选择"新建幻灯片"命令，即可插入一张新的幻灯片，如图 11-11 所示。

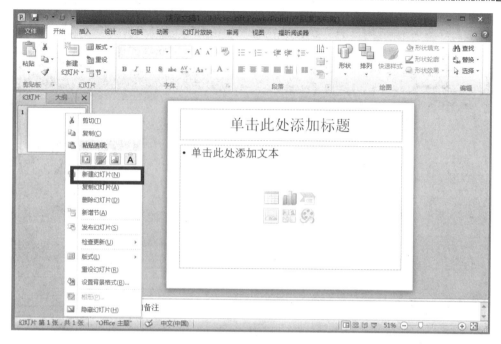

图 11-11　使用快捷菜单创建幻灯片

4. 复制幻灯片

方法 1：使用快捷菜单复制。在"幻灯片/大纲"窗格中右击要复制的幻灯片，在弹出的快捷菜单中选择"复制幻灯片"命令，如图 11-12 所示。

图 11-12　使用快捷菜单复制幻灯片

方法 2：使用"复制"和"粘贴"工具。在"幻灯片/大纲"窗格中选中要复制的幻灯片，选择"开始"选项卡，单击"剪贴板"组中的"复制"按钮，将光标置于要粘贴幻灯片的位置，然后单击"剪贴板"组中的"粘贴"按钮即可，如图 11-13 所示。

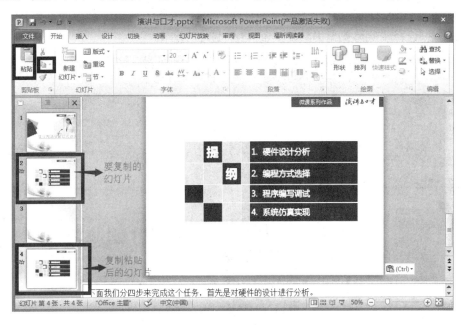

图 11-13　使用"复制"和"粘贴"工具复制幻灯片

5. 移动幻灯片

方法 1：直接拖动幻灯片移动。选中幻灯片并拖动鼠标，在需要使用幻灯片的位置松开鼠标。

方法 2：在幻灯片浏览视图下移动。切换到幻灯片浏览视图，选中幻灯片并拖动鼠标，出现一条竖线，竖线的位置代表要移动幻灯片的位置，如图 11-14 所示。

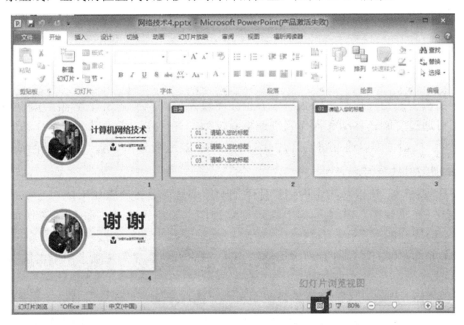

图 11-14　移动幻灯片

6. 删除幻灯片

方法 1：使用快捷菜单删除。在"幻灯片/大纲"窗格中右击要删除的幻灯片，在弹出的快捷菜单中选择"删除幻灯片"命令，如图 11-15 所示。

图 11-15　删除幻灯片

方法 2：使用快捷键直接删除。在"幻灯片/大纲"窗格中选中要删除的幻灯片，按 Delete 键直接删除即可。

11.4　组织和管理幻灯片

演示文稿中的幻灯片不止一张，内容也会比较繁杂。为了更加有效地组织和管理幻灯片，除了可通过复制、移动等操作来快速重新排列幻灯片外，还可以为幻灯片添加编号、日期和时间，特别是可以通过将幻灯片分节来更加有效地细分和导航一份复杂的演示文稿。

1. 添加幻灯片编号

在普通视图下，可以为指定的幻灯片添加顺序编号，具体步骤如下：

(1) 首先在"视图"选项卡的"演示文稿视图"组中单击"普通"按钮切换到普通视图。

(2) 在屏幕左侧的"幻灯片/大纲浏览"窗格中的"幻灯片"选项卡中单击选中某张幻灯片缩览图。

(3) 在"插入"选项卡的"文本"组中单击"幻灯片编号"按钮，打开"页眉和页脚"对话框。

(4) 在"页眉和页脚"对话框中的"幻灯片"选项卡中，单击选中"幻灯片编号"复选框。

(5) 如果不希望标题幻灯片中出现编号，则应同时单击选中"标题幻灯片中不显示"复选框。

(6) 如果只希望为当前选中的幻灯片添加编号，则单击"应用"按钮；如果希望统一为所有的幻灯片添加编号，则应单击"全部应用"按钮，如图 11-16 所示。

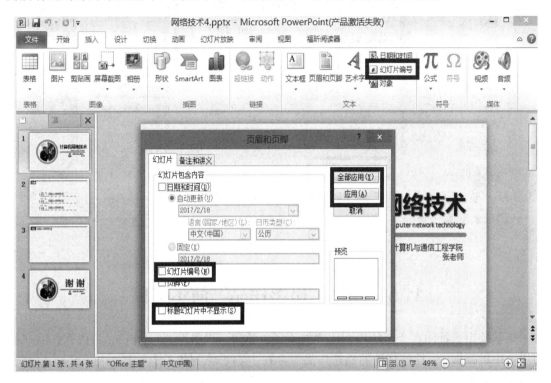

图 11-16　添加幻灯片编号

2. 添加日期和时间

在普通视图下，可以为指定的幻灯片添加日期和时间，具体步骤如下：

(1) 在普通视图的"幻灯片"选项卡中单击选中某一张幻灯片缩览图。

(2) 在"插入"选项卡的"文本"组中单击"日期和时间"按钮，打开"页眉和页脚"对话框。

(3) 在"页眉和页脚"对话框的"幻灯片"选项卡中，单击选中"日期和时间"复选框，然后选择下列操作之一：

- 单击"自动更新"单选项，表明每次打开演示文稿将显示当前日期和时间。
- 单击"固定"单选项，表明显示固定不变的日期和时间。

(4) 如果不希望标题幻灯片中出现日期和时间，则应同时单击选中"标题幻灯片中不显示"复选框。

(5) 如果只希望为当前选中的幻灯片添加日期和时间，则单击"应用"按钮；如果希望统一为所有的幻灯片添加日期和时间，则应单击"全部应用"按钮，如图 11-17 所示。

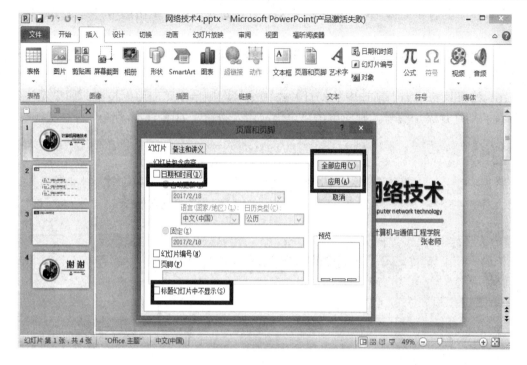

图 11-17　添加日期和时间

11.5　制作"摄影作品"演示文稿

某学校摄影社团在今年的摄影比赛结束后,希望可以借助 PowerPoint 将优秀作品在社团活动中进行展示。这些优秀的摄影作品保存在"案例-素材"文件夹中,并以 photo1.jpg～photo11.jpg 命名。现在,请你按照如下要求,在 PowerPoint 中完成制作工作:

(1) 利用 PowerPoint 创建一个相册,并包含 photo 1.jpg～photo11.jpg 共 11 幅摄影作品。每张幻灯片中包含 4 张图片,并将每幅图片设置为"居中矩形阴影"相框形状。

(2) 设置相册主题为"案例-素材"文件夹中的"相册主题.pptx"样式。

(3) 在标题幻灯片后插入一张新的幻灯片,将该幻灯片设置为"标题和内容"版式。在该幻灯片的标题位置输入文字"摄影社团优秀作品赏析";并在该幻灯片的内容文本框中输入 3 行文字,分别为"湖光春色"、"冰消雪融"和"田园风光"。

(4) 将"湖光春色"、"冰消雪融"和"田园风光"3 行文字分别超链接到后面对应的幻灯片。

(5) 除标题幻灯片外,其他幻灯片的页脚均包含幻灯片编号、日期和时间。

(6) 将该相册保存为"摄影作品.pptx"文件。

具体每一个要求的操作步骤如下。

1. 要求(1)的操作步骤

步骤 1:打开 Microsoft PowerPoint 2010 应用程序。

步骤 2:单击"插入"选项卡中"图像"组中的"相册"按钮,弹出"相册"对话框。

步骤 3：单击"文件/磁盘"按钮，弹出"插入新图片"对话框，选中要求的 11 张图片，最后单击"插入"按钮即可，如图 11-18 所示。

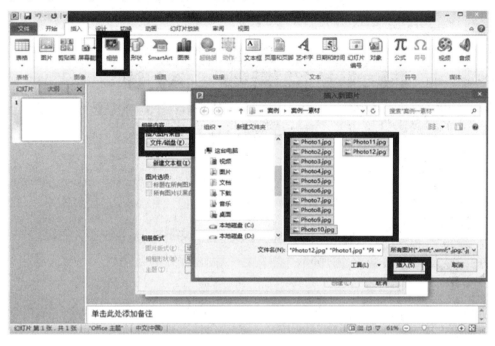

图 11-18　插入新图片

步骤 4：回到"相册"对话框，在"图片版式"下拉列表中选择"4 张图片"，在"相框形状"下拉列表中选择"居中矩形阴影"，最后单击"创建"按钮即可，如图 11-19 所示。

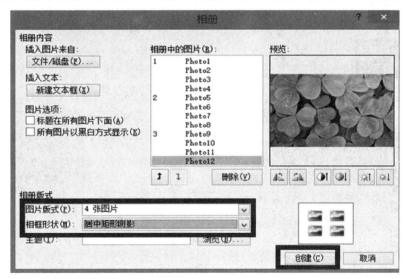

图 11-19　设置相册版式

2. 要求(2)的操作步骤

步骤 1：单击"设计"选项卡下"主题"组中的"其他"按钮，在弹出的下拉列表中选择"浏览主题"，如图 11-20 所示。

图 11-20　设置主题

步骤 2：在弹出的"选择主题或主题文档"对话框中，选中"相册主题.pptx"文档，单击"应用"按钮即可。

3. 要求(3)的操作步骤

步骤 1：选中第一张主题幻灯片，单击"开始"选项卡中"幻灯片"组中的"新建幻灯片"按钮，在弹出的下拉列表中选择"标题和内容"，如图 11-21 所示。

图 11-21　新建幻灯片

步骤 2：在新建的幻灯片标题文本框中输入"摄影社团优秀作品赏析"，并在该幻灯片的文本框中输入 3 行文字，分别为"湖光春色"、"冰消雪融"和"田园风光"。

4. 要求(4)的操作步骤

步骤 1：选中"湖光春色"，单击鼠标右键，在弹出的快捷菜单中选择"超链接"命令，即可弹出"插入超链接"对话框，在"链接到"组中选择"本文档中的位置"命令后选择"幻灯片 3"，最后单击"确定"按钮即可，如图 11-22 所示。

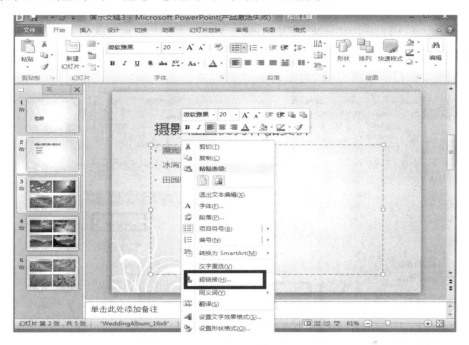

(a)

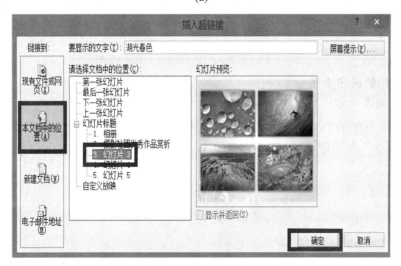

(b)

图 11-22 插入超链接

步骤2：选中"冰消雪融"，单击鼠标右键，在弹出的快捷菜单中选择"超链接"命令，即可弹出"插入超链接"对话框，在"链接到"组中选择"本文档中的位置"命令后选择"幻灯片4"，最后单击"确定"按钮即可。

步骤3：选中"田园风光"，单击鼠标右键，在弹出的快捷菜单中选择"超链接"命令，即可弹出"插入超链接"对话框，在"链接到"组中选择"本文档中的位置"命令后选择"幻灯片5"，最后单击"确定"按钮即可。

5. 要求(5)的操作步骤

单击"插入"选项卡下"文字"组中的"页眉和页脚"按钮，在弹出的"页眉和页脚"对话框中勾选"日期和时间"、"幻灯片编号"以及"标题幻灯片中不显示"复选框，单击"全部应用"按钮，如图11-23所示。

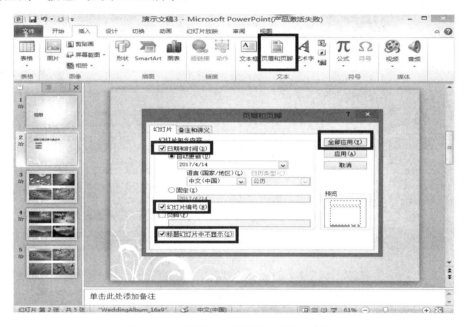

图 11-23　设置幻灯片编号、日期和时间

6. 要求(6)的操作步骤

步骤1：单击"文件"选项卡下的"保存"按钮。

步骤2：在弹出的"另存为"对话框中，在"文件名"列表框中输入"摄影作品.pptx"，最后单击"保存"按钮即可。

第 12 章　演示文稿的基本操作

演示文稿的基本设置内容较为丰富，使得其所呈现的可视界面相当美观。除文字部分的设置外，图形图片设置、表格设置、应用主题设置及模板设置等都能快速又全面地修饰幻灯片，使得表达的内容更为清晰。

12.1　编辑文本内容

文本是构成演示文稿的重要内容。幻灯片中的文本包括标题文本、正文文本。正文文本又按层级分为第一级文本、第二级文本、第三级文本、……，下级文本相对上级文本向右缩进一级。文本可以输入到文本占位符中，也可以输入到新建文本框中，还可以在大纲模式下进行编辑。

1. 占位符和文本框

1) 使用占位符

在普通视图模式下，占位符是指幻灯片中被虚线框起来的部分。当使用了幻灯片版式或基于模板创建演示文稿时，除了空白幻灯片外，每张幻灯片中都提供了占位符。在内容和文本占位符中单击鼠标，进入编辑状态即可输入、修改文本。

2) 使用文本框

方法 1：在"插入"选项卡的"文本"组中，单击"文本框"按钮或"文本框"按钮旁边的黑色三角箭头，从如图 12-1 所示的下拉列表中选择文本框类型后，在幻灯片中拖动鼠标绘制出文本框，然后在其中输入文字，按 Enter 键可输入多行。

图 12-1　插入文本框

方法 2：在"插入"选项卡的"插图"组中单击"形状"按钮，在如图 12-2 所示的形状列表中选择"基本形状"下的文本框或其他图形，在幻灯片中拖动鼠标绘制出图形，然后在其中输入文字。

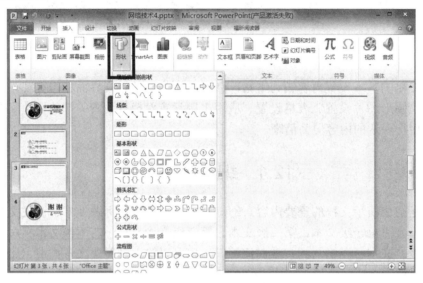

图 12-2　插入文本框

2. 设置文本和段落格式

1) 设置文字格式

(1) 选中文本框或者文本框中的文字。

(2) 通过"开始"选项卡上"字体"组中的各项工具，可对文本的字体、字号、颜色等进行设置。

(3) 单击"字体"组右下角的"对话框启动器"按钮，在随后弹出的"字体"对话框中可进行更加详细的字体格式设置，如图 12-3 所示。

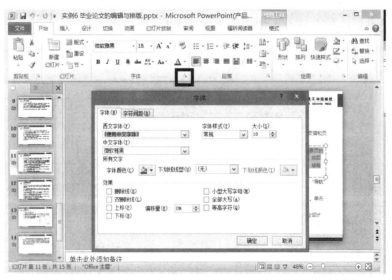

图 12-3　设置字体格式

2) 设置段落格式

(1) 选中文本框或者文本框中的多个段落。

(2) 通过"开始"选项卡上"段落"组中的各项工具，可对段落的对齐方式、分栏数、行距等进行快速设置。其中，通过"降低列表级别"和"提高列表级别"两个按钮可以改变段落的文本级别。

(3) 单击"段落"组右下角的"对话框启动器"按钮，在随后弹出的"段落"对话框中可进行更加详细的段落格式设置，如图 12-4 所示。

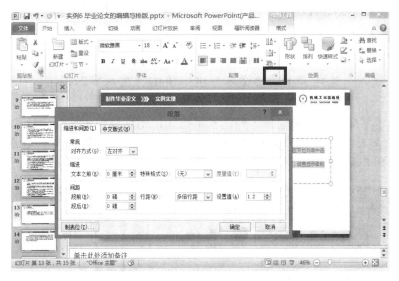

图 12-4　设置段落格式

3. 在"大纲"选项卡中编辑文本

在普通视图下，通过"幻灯片/大纲浏览"窗格中的"大纲"选项卡直接对幻灯片中的文本进行输入和编辑。在"大纲"选项卡中可以快速输入、编辑幻灯片的文本并调整其层次结构，如图 12-5 所示。

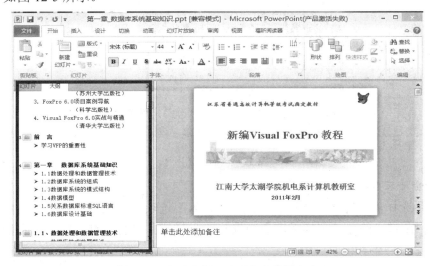

图 12-5　在"大纲"选项卡中编辑文本

(1) 在普通视图下，单击"幻灯片/大纲浏览"窗格中的"大纲"选项卡。

(2) 在"大纲"选项卡中的某张幻灯片图标右边单击鼠标，进入编辑状态，此时可直接输入幻灯片标题，按 Shift + Enter 组合键可实现标题文本的换行输入。

(3) 输入标题内容后，按 Enter 键可插入一张新幻灯片。

(4) 插入一张新幻灯片后，按 Tab 键可将其转换为上一幻灯片的下一级正文文本，此时按 Enter 键可继续输入同级文本，按 Tab 键可缩进文本。

(5) 在正文文本之后按 Ctrl+ Enter 组合键可插入一张新幻灯片。

(6) 当光标位于幻灯片图标之后，按 Backspace 键可合并相邻的两张幻灯片。

4. 使用艺术字

1) 创建艺术字

(1) 在"插入"选项卡上的"文本"组中单击"艺术字"按钮，打开艺术字样式列表。

(2) 在艺术字样式列表中选择一种艺术字样式，幻灯片中出现指定样式的艺术字编辑框，输入新的艺术字文本代替原有的提示内容"请在此放置您的文字"，如图 12-6 所示。

(3) 拖动艺术字编辑框四周的尺寸控制点可以改变编辑框的大小。

图 12-6　插入艺术字

2) 将普通文本转换为艺术字

输入并选择需要转换的普通文本，在"插入"选项卡上的"文本"组中单击"艺术字"按钮，在弹出的艺术字样式列表中选择一种样式并进行修饰，然后将原普通文本删除即可。

12.2　插入图形和图片

1. 使用 SmartArt 智能图形

SmartArt 图形是 PowerPoint 2010 提供的新功能，是一种智能化的矢量图形，它是已经组合好的文本框和形状、线条。利用 SmartArt 智能图形可以快速在幻灯片中插入各类格式化的结构流程图。

1) 利用 SmartArt 占位符

(1) 为幻灯片应用带有内容占位符的版式，如"标题和内容"版式。

(2) 单击内容占位符中的"插入 SmartArt 图形"图标，打开"选择 SmartArt 图形"对话框。

(3) 从左侧的列表中选择类型，在右侧的缩览图列表中选择图形，如图 12-7 所示。

(4) 单击"确定"按钮，SmartArt 智能图形即插入到幻灯片中，在"文本窗格"或形状中输入文本。

图 12-7　插入 SmartArt 图形

2) 直接插入 SmartArt 图形

选择要插入 SmartArt 图形的幻灯片，在"插入"选项卡上的"插图"组中单击"SmartArt 图形"按钮，打开"选择 SmartArt 图形"对话框，选择一个图形插入并输入文字。

3) 将文本转换为 SmartArt 图形

(1) 在幻灯片中输入文本，调整好文本的级别。

(2) 选中文本并在文本上单击鼠标右键，在弹出的快捷菜单中选择"转换为 SmartArt"

命令。

(3) 从打开的图形列表中选择合适的 SmartArt 图形，如图 12-8 所示。

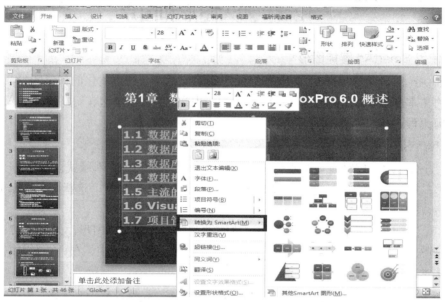

图 12-8　插入 SmartArt 图形

2. 使用图片

1) 插入剪贴画

(1) 在幻灯片中单击内容占位符中的"剪贴画"图标，或者从"插入"选项卡的"图像"组中单击"剪贴画"按钮，窗口右侧出现"剪贴画"窗格。

(2) 在"剪贴画"窗格中单击"搜索"按钮，下方出现各种剪贴画。

(3) 单击选择合适的剪贴画，将其插入到幻灯片，如图 12-9 所示。

(4) 调整剪贴画的大小和位置。

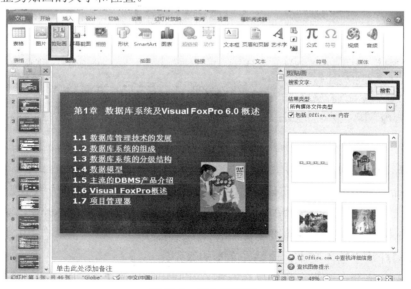

图 12-9　插入剪贴画

2) 插入图片

(1) 在幻灯片中单击占位符中的"插入来自文件的图片"图标，或者从"插入"选项卡的"图像"组中单击"图片"按钮，打开"插入图片"对话框，如图 12-10 所示。

(2) 在对话框左侧选择存放目标图片文件的文件夹，在右侧选择图片文件，单击"打开"按钮，该图片即插入到当前幻灯片中。

(3) 调整图片的大小和位置。

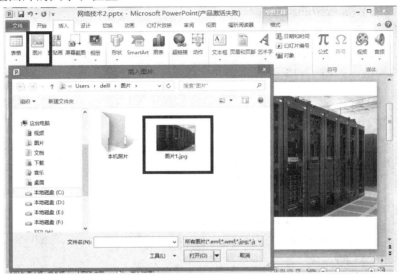

图 12-10　插入图片

3) 获取屏幕截图

(1) 在"插入"选项卡的"图像"组中单击"屏幕截图"按钮，从打开的下拉列表中选择一幅当前呈打开状态的窗口，如图 12-11 所示。

图 12-11　获取屏幕截图

(2) 如果想要截取当前屏幕的任意区域，可从下拉列表中选择"屏幕剪辑"命令，然后拖动鼠标选取打算截取的屏幕范围即可。

12.3　使用表格和图表

1. 创建表格

1）插入表格

(1) 选择需要添加表格的幻灯片。

(2) 选择执行下列操作之一插入表格：

· 在带有内容占位符的版式中单击"插入表格"图标，在打开的"插入表格"对话框中输入行数和列数，如图 12-12 所示。

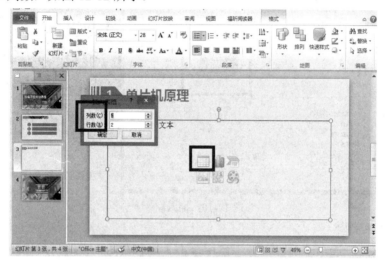

图 12-12　插入表格

· 在"插入"选项卡的"表格"组中单击"表格"按钮弹出下拉列表，在其中的表格示意图中拖动鼠标确定行列数后单击鼠标，如图 12-13 所示。

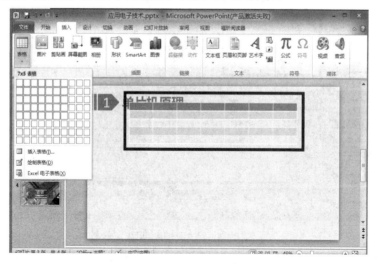

图 12-13　插入表格

· 在"插入"选项卡的"表格"组中单击"表格"按钮，在弹出的下拉列表中单击"插入表格"命令，在打开的"插入表格"对话框中输入表格的行数和列数。

(3) 表格插入到幻灯片中后，拖动表格四周的尺寸控制点可以改变其大小，拖动表格边框可以移动其位置。

(4) 单击某个单元格定位光标，然后向其中输入文字。

2) 编辑美化表格

选中插入的表格，将会出现如图 12-14 所示的"表格工具/设计"和如图 12-15 所示的"表格工具/布局"两个选项卡。利用这两个选项卡工具可以对表格进行格式化，以及调整表格结构。

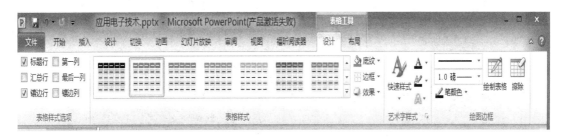

图 12-14　"表格工具/设计"工具

图 12-15　"表格工具/布局"工具

2．生成图表

在 PowerPoint 中可以插入多种数据图表和图形，如柱形图、折线图、饼图、条形图、面积图、散点图等。

(1) 选择需要插入图表的幻灯片。

(2) 单击内容占位符中的"插入图表"图标，或者在"插入"选项卡的"插入"组中单击"图表"按钮，打开"插入图表"对话框。

(3) 在该对话框中选择合适的图表类型，单击"确定"按钮将会启动 Excel，如图 12-16 所示。

(4) 在 Excel 工作表中输入、编辑生成图表数据源。

(5) 数据编辑完成后，关闭 Excel，相应图表即可插入到幻灯片中。

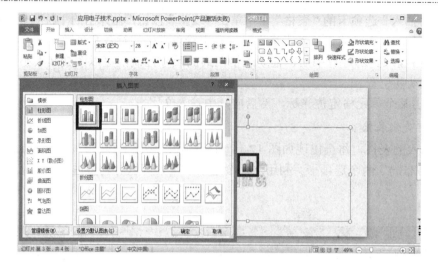

(a)

(b)

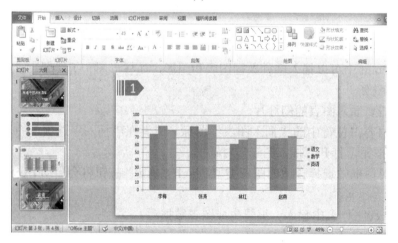

(c)

图 12-16　生成图表

12.4　设计幻灯片主题与背景

　　为幻灯片应用不同的主题配色方案，可以增强演示文稿的感染力和表现力。PowerPoint 提供了大量的内置主题方案可供选择，必要时还可以自己设计背景颜色、字体搭配以及其他特殊效果。

1．应用设计主题

1）应用内置主题

　　(1) 在普通视图下或幻灯片浏览视图下，选择一组需要应用主题的幻灯片，如果选择了某一节，所选主题将会应用于所选节。如果演示文稿未分节，也没有选择某组幻灯片，则所选主题将会应用于当前文档的所有幻灯片。

　　(2) 在"设计"选项卡的"主题"组中打开快捷主题列表，如图 12-17 所示。

图 12-17　选择主题

　　(3) 将鼠标光标指向某一主题，右下角显示该主题的名称，同时在幻灯片窗格中可预览该主题效果。

　　(4) 单击某一内置主题，该主题即可应用于演示文稿或指定幻灯片组。如果在主题上单击右键，则可从弹出的快捷菜单中指定该主题的应用范围。

　　(5) 选择主题列表下方的"浏览主题"命令，打开选择主题对话框，可以使用已有的外来主题。

2）自定义主题

　　如果觉得 PowerPoint 提供的现成主题不能满足设计需求，可以通过自定义方式修改主题的颜色、字体和背景，生成自定义主题。

(1) 自定义主题颜色。

① 对幻灯片应用某一内置主题。

② 在"设计"选项卡的"主题"组中单击"颜色"按钮，打开颜色库列表。

③ 任意选择一款内置颜色组合，幻灯片的标题文字颜色、背景填充颜色、文字的颜色也随之改变。

④ 单击"新建主题颜色"命令，打开"新建主题颜色"对话框，如图 12-18 所示。

(a)

(b)

图 12-18 自定义主题颜色

⑤ 在该对话框中可以改变文字、背景、超链接的颜色，在"名称"文本框中可以为自定义主题颜色命名，单击"保存"按钮，自定义颜色组合将会显示在颜色库列表中内置组合的上方以供选用。

(2) 自定义主题字体。

① 对已应用了某一主题的幻灯片，在"设计"选项卡上的"主题"组中单击"字体"按钮，打开字体库下拉列表。

② 任意选择一款内置字体组合，幻灯片的标题文字和正文文字的字体随之改变。

③ 单击"新建主题字体"命令，打开"新建主题字体"对话框，如图 12-19 所示。

(a)

(b)

图 12-19　自定义主题字体

④ 在该对话框中可以分别设置标题和正文的中西文字体，在"名称"文本框中可以为自定义主题字体命名，单击"保存"按钮，自定义主题字体将会显示在字体库列表中内置字体的上方以供选用。

2. 变换背景

1) 改变背景样式

PowerPoint 为每个主题提供了 11 种背景样式以供选用，既可以改变演示文稿中所有幻灯片的背景，也可以改变指定幻灯片的背景。

(1) 在"设计"选项卡上的"背景"组中单击"背景样式"按钮，打开背景样式库列表。

(2) 当光标移至某背景样式处时将显示该样式的名称。

(3) 单击选择一款合适的背景样式应用于演示文稿。

2) 自定义背景格式

(1) 选中需要自定义背景的幻灯片；

(2) 在"设计"选项卡上的"背景"组中单击"背景样式"按钮，打开背景样式库列表。

(3) 选择其中的"设置背景格式"命令，打开"设置背景格式"对话框，如图 12-20 所示。

(4) 在该对话框中对背景格式进行设置，可应用于幻灯片的背景包含单一颜色填充、多种颜色渐变填充、剪贴画、外来图片、特定的纹理或图案等。

(5) 设置完毕，单击"关闭"按钮，所设效果将应用于所选幻灯片，单击"全部应用"按钮，则所设效果将应用于所有幻灯片。

图 12-20　自定义背景格式

3. 对幻灯片应用水印

水印是插入幻灯片底部的图片或文字，与背景的区别在于，背景铺满整个幻灯片，而水印只占用幻灯片的一部分空间。因此，水印比较灵活，可以方便地更改水印在幻灯片上的大小和位置。

(1) 选择要添加水印的幻灯片。

(2) 执行下列操作之一，首先在幻灯片中插入要作为水印的图片或文字：

· 如果以图片作为水印，可在"插入"选项卡的"图像"组中单击"图片"或"剪贴画"按钮，选择一幅图片插入到幻灯片中。

· 如果以文字作为水印，可在"插入"选项卡的"文本"组中单击"文本框"按钮，在幻灯片中绘制文本框并输入文字。

- 如果以艺术字作为水印，可在"插入"选项卡的"文本"组中单击"艺术字"按钮，在幻灯片中制作一幅艺术字。

(3) 移动图片或文字的位置，调整其大小，并设置其格式。

(4) 将图片或文本框的排列方式设置为"置于底层"，以免遮挡正常幻灯片的内容。

12.5 幻灯片母版应用

演示文稿通常应具有统一的外观和风格，通过设计、制作和应用幻灯片母版可以快速实现这一目标。母版中包含了幻灯片统一的格式、共同出现的内容以及构成要素，如标题和文本格式、日期、背景和水印等。

1. 幻灯片母版概述

幻灯片母版是幻灯片层次结构中的顶层幻灯片，用于存储有关演示文稿的主题和幻灯片版式的信息，包括背景、颜色、字体、效果、占位符的类型及其大小和位置。

每份演示文稿至少应包含一个幻灯片母版。通过幻灯片母版进行修改和更新的最主要优点是可以对演示文稿中的每张幻灯片进行统一的格式和元素更改。

最好在开始制作各张幻灯片之前先创建幻灯片母版，如果先创建幻灯片母版，则添加到演示文稿中的所有幻灯片都会基于该幻灯片母版和相关联的版式。

2. 创建或自定义幻灯片母版

打开一个空白的演示文稿，在"视图"选项卡上的"母版视图"组中单击"幻灯片母版"按钮，进入幻灯片母版视图，在左侧的幻灯片缩览图窗格中显示一个具有默认相关版式的空幻灯片母版。其中，最上面那张较大的幻灯片为幻灯片母版，与之相关联的版式位于幻灯片母版下方，如图 12-21 所示。

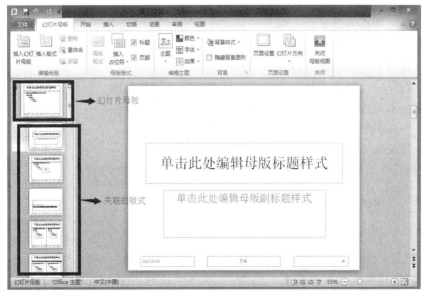

图 12-21 幻灯片母版视图

1) 自定义幻灯片母版

(1) 在"幻灯片母版"选项卡上的"编辑母版"组中单击"插入版式"按钮，可以创建新的关联版式。

(2) 在左侧的幻灯片缩览图窗格中选择某个关联版式，单击选中其中的占位符，按 Delete 键可将其删除；在"幻灯片母版"选项卡上的"母版版式"组中单击"插入占位符"按钮，从下拉列表中选择某一占位符，在幻灯片中拖动鼠标可以插入占位符，如图 12-22 所示。

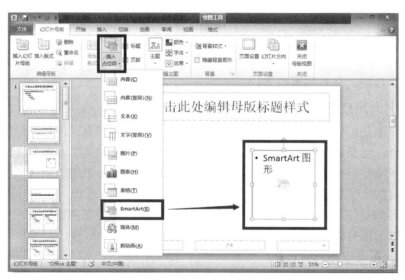

图 12-22 在幻灯片母版关联版式中插入占位符

(3) 在左侧的幻灯片缩览图窗格中选择某个关联版式，按 Delete 键可将其删除。

(4) 在左侧的幻灯片缩览图窗格中选择幻灯片母版，单击选中某个文本占位符，通过"开始"选项卡上的"字体"和"段落"组可以统一调整其中的字体、字号、颜色、段落间距、项目符号等格式。

(5) 在"幻灯片母版"选项卡中，通过"编辑主题"组合"背景"组中的相关工具，可以为幻灯片母版应用主题、设置背景。

(6) 在"插入"选项卡上的"图像"组中单击"图片"或"剪贴画"按钮，可以在幻灯片母版中插入图片。

(7) 在"幻灯片母版"选项卡上的"页面设置"组中单击"幻灯片方向"按钮，可以改变幻灯片母版的方向。

(8) 按照实际设计需求对幻灯片母版进行其他必要的编辑修改。

(9) 在"幻灯片母版"选项卡上的"关闭"组中单击"关闭母版视图"按钮。

2) 将母版保存为模板

(1) 在"文件"选项卡中单击"另存为"命令，打开"另存为"对话框。

(2) 在该对话框中的"文件名"文本框中输入文件名。

(3) 在"保存类型"下拉列表中选择"PowerPoint 模板(*.potx)"，如图 12-23 所示。

(4) 单击"保存"按钮。

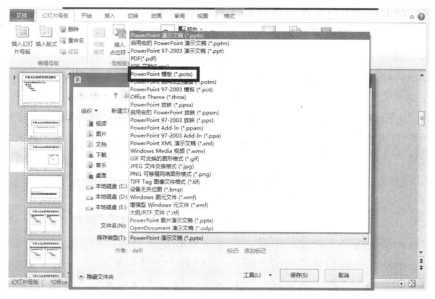

图 12-23　将母版保存为模板

3）重命名幻灯片母版

（1）在"视图"选项卡上的"母版视图"组中单击"幻灯片母版"按钮，进入幻灯片母版视图。

（2）在左侧的幻灯片缩览图中，单击需要重命名的幻灯片母版。

（3）在"幻灯片母版"选项卡上的"编辑母版"组中单击"重命名"按钮，打开"重命名版式"对话框。

（4）在该对话框的"版式名称"文本框中输入一个新的母版名称，然后单击"重命名"按钮。

3. 在一份演示文稿中应用多个幻灯片母版

如果想要使一份演示文稿包含两个或更多不同的样式或主题，可以在演示文稿中创建多个幻灯片母版，然后为每个幻灯片母版分别应用不同主题。

（1）在"视图"选项卡上的"母版视图"组中单击"幻灯片母版"按钮，进入幻灯片母版视图。

（2）在"幻灯片母版"选项卡上的"编辑母版"组中单击"插入幻灯片母版"按钮，将会在当前母版下插入一组新的幻灯片母版及其关联样式。

（3）在"幻灯片母版"选项卡上的"编辑主题"组中单击"主题"按钮，从下拉列表中为新幻灯片母版应用一个新的主题。

12.6　制作"北京主要旅游景点介绍"演示文稿

为进一步提升北京旅游行业整体队伍的素质，打造高水平、懂业务的旅游景区建设与管理队伍，北京旅游局将为工作人员进行一次业务培训，主要围绕"北京主要景点"进行介绍，包括文字、图片等内容。请根据"案例二素材"文件夹中的"北京主要景点介绍-

文字.docx", 帮助主管人员完成制作任务, 具体要求如下:

(1) 新建一份演示文稿, 并以"北京主要旅游景点介绍.pptx"为文件名保存到"案例二素材"文件夹中。

(2) 第一张标题幻灯片中的标题设置为"北京主要旅游景点介绍", 副标题为"历史与现代的完美融合"。

(3) 第二张幻灯片的版式为"标题和内容", 标题为"北京主要景点", 在文本区域中以项目符号列表方式依次添加下列内容: 天安门、故宫博物院、八达岭长城、颐和园、鸟巢。

(4) 自第三张幻灯片开始按照天安门、故宫博物院、八达岭长城、颐和园、鸟巢的顺序依次介绍北京各主要景点, 相应的文字素材"北京主要景点介绍-文字.docx"以及图片文件均存放于"案例二素材"文件夹中, 要求每个景点介绍占用一张幻灯片。

(5) 最后一张幻灯片的版式设置为"空白", 并插入艺术字"谢谢"。

(6) 为演示文稿选择一种设计主题, 要求字体和整体布局合理、色调统一。

(7) 设置演示文稿背景为"雨后初晴", 方向为"线性向下"。

(8) 将"天安门"、"故宫博物院"、"八达岭长城"、"颐和园"、"鸟巢"等 5 行文字转换为样式为"蛇形图片重点列表"的 SmartArt 对象。

具体操作步骤如下:

(1) 操作步骤。

步骤: 打开 Microsoft PowerPoint 2010 应用程序, 并以"北京主要旅游景点介绍.pptx"命名保存到"案例二素材"文件夹中。

(2) 操作步骤。

步骤: 在第一张幻灯片的"单击此处添加标题"处单击鼠标, 输入文字"北京主要旅游景点介绍", 副标题设置为"历史与现代的完美融合"。

(3) 操作步骤。

步骤 1: 单击"开始"选项卡下"幻灯片"中的"新建幻灯片"下拉按钮, 在弹出的下拉列表中选择"标题和内容"选项, 如图 12-24 所示。

图 12-24   新建幻灯片

步骤 2：在标题处输入文字"北京主要景点"，然后在正文文本框内输入天安门、故宫博物院、八达岭长城、颐和园、鸟巢，此处使用文本区域中默认的项目符号，如图 12-25 所示。

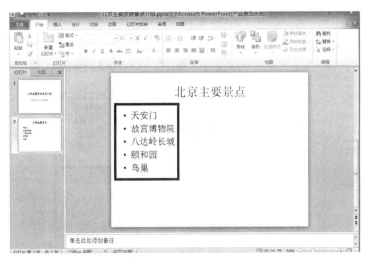

图 12-25 添加项目符号

(4) 操作步骤。

步骤 1：将光标定位在第 2 张幻灯片下方，按 Enter 键新建版式为"标题和内容"的幻灯片，选中标题文本框并删除。选中余下的文本框，单击"开始"选项卡下"段落"组中"项目符号"右侧的下拉三角按钮，在弹出的下拉列表中选择"无"选项，如图 12-26 所示。

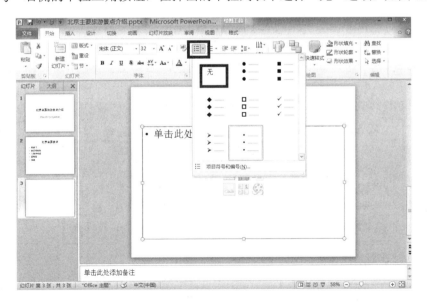

图 12-26 将项目符号设置为"无"

步骤 2：选择第 3 张幻灯片，对其进行复制并粘贴 4 次。打开"案例二素材"文件夹下的"北京主要景点介绍-文字.docx"素材文件，选择第一段文字并复制，将其粘贴到第 3 张幻灯片的文本框内。

步骤 3：单击"插入"选项卡下"图像"组中的"图片"按钮，弹出"插入图片"对话框，选中"案例二素材"文件夹中的素材文件"天安门.jpg"，单击"打开"按钮，即可插入图片，并适当调整图片的大小和位置，如图 12-27 所示。

图 12-27 插入图片

步骤 4：使用同样的方法将介绍故宫、八达岭长城、颐和园、鸟巢的文字粘贴到不同的幻灯片中，并插入相应的图片。

(5) 操作步骤。

步骤 1：选择第 7 张幻灯片，单击"开始"选项卡下"幻灯片"选项组中的"新建幻灯片"下拉按钮，在弹出的下拉列表中选择"空白"选项。

步骤 2：单击"插入"选项卡下"文本"组中的"艺术字"下拉按钮，在弹出的下拉列表中选择一种艺术字，此处选择"渐变填充-紫色，强调文字颜色 4，映像"，如图 12-28 所示。

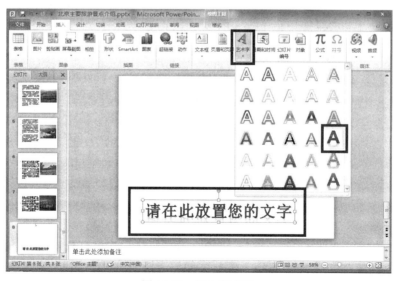

图 12-28 插入艺术字

步骤 3：将艺术字文本框内的文字删除，输入文字"谢谢"，适当调整艺术字的位置。

(6) 操作步骤。

步骤：单击"设计"选项卡"主题"组中的"其他"下拉三角按钮，在弹出的下拉列表中选择"流畅"主题，如图 12-29 所示。

图 12-29 设置主题

(7) 操作步骤。

步骤 1：单击"设计"选项卡"背景"组中的"背景样式"下拉三角按钮，选择"设置背景格式"按钮，弹出"设置背景格式"对话框，如图 12-30 所示。

图 12-30 设置背景格式

步骤 2：在"设置背景格式"对话框中选择"渐变填充"，在"预设颜色"下拉列表中选择"雨后初晴"，在"方向"下拉列表中选择"线性向下"，单击"全部应用"按钮，然后单击"关闭"按钮即可，如图 12-31 所示。

图 12-31　设置背景格式

(8) 操作步骤。

步骤：选中第 2 张幻灯片中的"天安门"、"故宫博物院"、"八达岭长城"、"颐和园"、"鸟巢"等 5 行文字，单击"开始"选项卡下"段落"组中的"转化为 SmartArt"按钮，在弹出的下拉列表中选择"蛇形图片重点列表"，如图 12-32 所示。

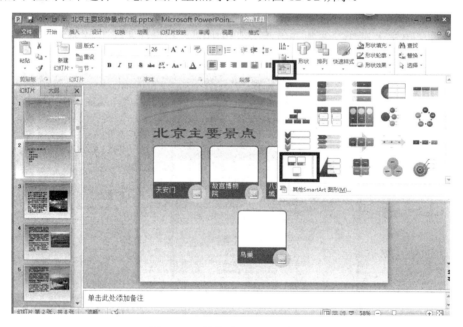

图 12-32　转化为 SmartArt 图形

第13章　演示文稿的交互和优化

在演示文稿中，有时需要根据用户的选择来演示不同的内容，这就需要带有交互功能的演示文稿。在 PowerPoint 应用程序中提供了幻灯片演示者与观众或听众之间的交互功能，制作者不仅可以在幻灯片中嵌入声音和视频，还可以为幻灯片的各种对象(包括组合图形等)设置放映动画效果和切换效果，甚至可以规划动画路径和根据不同要求进行链接跳转。设置了幻灯片交互性效果的演示文稿，放映演示时将会更加生动和富有感染力。

13.1　使用音频和视频

在幻灯片中除了可以添加文本、图形图像、表格等对象外，还可以插入一些简单的声音和视频，使得演示文稿呈现视听效果，更加立体丰富地表现演示文稿内容。

1. 音频

为了突出演示重点，可以在幻灯片中添加音乐、旁白、原声摘要等音频剪辑。在进行演讲时，可以将音频剪辑设置为在显示幻灯片时自动开始播放、在单击鼠标时开始播放，甚至可以循环连续播放直至停止放映等不同的放映方式。

1) 添加音频剪辑

将音频剪辑嵌入到演示文稿幻灯片中的方法是：

(1) 在需要添加音频剪辑的幻灯片的"插入"选项卡上的"媒体"组中，单击"音频"按钮下方的黑色三角箭头。

(2) 从打开的下拉列表中选择音频来源，如图 13-1 所示。

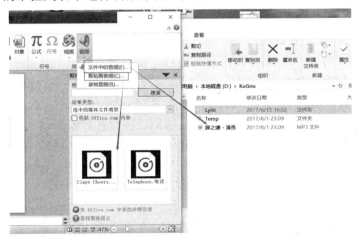

图 13-1　在幻灯片中插入音频文件或剪辑

其中：

- 单击"文件中的音频"，在"插入音频"对话框中找到并双击要添加的音频文件。
- 单击"剪贴画音频"，在"剪贴画"任务窗格中找到所需的音频剪辑并单击之。
- 单击"录制音频"，打开如图 13-2 所示的"录音"对话框。在"名称"文本框中输入音频名称，单击录制按钮开始录音，单击停止按钮结束录音，单击"确定"按钮退出对话框。

(3) 插入到幻灯片中的音频剪辑以图标 🔊 的形式显示，拖动该声音图标可移动其位置。

(4) 选择声音图标，单击图标下方的"播放/暂停"按钮(如图 13-3 所示)，可在幻灯片上预览音频剪辑。

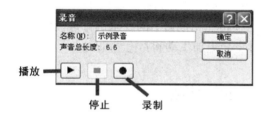

图 13-2 用于录制音频的"录音"对话框

图 13-3 在幻灯片上预览音频剪辑

2) 设置音频剪辑的播放方式

(1) 在幻灯片上选择声音图标。

(2) 在"音频工具|播放"选项卡上的"音频选项"组中，打开"开始"下拉列表，从中设置音频播放的方式，如图 13-4 所示。其中：

图 13-4 设置声音启动方式

- 单击"自动"，将在放映该幻灯片时自动开始播放音频剪辑。
- 单击"单击时"，可在放映幻灯片时通过单击音频剪辑来手动播放。
- 单击"跨幻灯片播放"，则在放映演示文稿时单击切换到下一张幻灯片时播放音频剪辑。

(3) 单击选中"循环播放，直到停止"复选框，将会在放映当前幻灯片时连续播放同一音频剪辑直至手动停止播放或者转到下一张幻灯片为止。

提示：如果将"开始"方式设为"跨幻灯片播放"，同时选中"循环播放，直到停止"复选框，则声音将会伴随演示文稿的放映过程直至结束。

3) 隐藏声音图标

如果不希望在放映幻灯片时观众看到声音图标，则可以将其隐藏起来。

(1) 单击幻灯片上的声音图标。

(2) 在"音频工具|播放"选项卡上的"音频选项"组中，单击选中"放映时隐藏"复选框。

提示：当将音频剪辑的开始方式设置为"单击时"播放时，隐藏声音图标后将不能播放声音，除非为其设置触发器。

4) 修剪音频剪辑

通过指定开始时间和结束时间来剪裁音频剪辑，以缩短声音播放时间。

(1) 在幻灯片中选中声音图标。

(2) 在"音频工具|播放"选项卡中，单击"编辑"组中的"剪辑音频"按钮。

(3) 在随后打开的"剪辑音频"对话框中，通过拖动最左侧的绿色起点标记和最右侧的红色终点标记重新确定声音起止，如图 13-5 所示。

(4) 单击"确定"按钮完成修剪。

图 13-5　对音频进行剪裁

5) 删除音频剪辑

(1) 在普通视图中，选择包含有要删除的音频剪辑的幻灯片。

(2) 单击选中声音图标，然后按 Delete 键即删除。

2. 添加视频

在幻灯片插入或链接视频文件，可以大大丰富演示文稿的内容和表现力，操作时可以直接将视频文件嵌入到幻灯片中，也可以将幻灯片链接至视频文件。

1) 嵌入视频文件或动态 GIF

可以将来自文件的视频直接嵌入到演示文稿中，也可以嵌入来自剪贴画库的 gif 动画文件。嵌入方式可以避免因视频的移动而产生丢失文件无法播放的风险，但可能导致演示文稿的文件比较大。

(1) 切换到普通视图，在幻灯片/大纲浏览窗格的"幻灯片"选项卡中选择幻灯片。

(2) 在"插入"选项卡上的"媒体"组中，单击"视频"下方的黑色三角箭头。

(3) 从打开的下拉列表中选择视频来源，如图 13-6 所示。其中：

• 单击"文件中的视频"，在"插入视频文件"对话框中找到并双击要添加的视频文件。

• 单击"剪贴画视频"，在"剪贴画"任务窗格中找到所需的动态 GIF 文件并单击之。

图 13-6　在幻灯片中嵌入视频和动画

(4) 视频剪辑插入到幻灯片中之后，可以通过拖动方式移动其位置，拖动其四周的尺寸控点可以改变其大小。

(5) 选择来自文件的视频剪辑，单击下方的"播放/暂停"按钮可在幻灯片上预览视频。gif 动画只有在放映幻灯片时才能看到动态效果。

2) 链接到视频文件

可直接在演示文稿中链接外部视频文件或电影文件，通过链接视频，可以有效减小演示文稿文件的大小。在幻灯片中添加指向外部视频链接的方法是：

(1) 首先可将需要链接的视频文件复制到演示文稿所在的文件夹中。

(2) 切换到普通视图，在幻灯片/大纲浏览窗格的"幻灯片"选项卡中选择幻灯片。

(3) 在"插入"选项卡上的"媒体"组中，单击"视频"下方的黑色三角箭头。

(4) 从下拉列表中选择"文件中的视频"，在"插入视频文件"对话框中查找并单击选择链接的视频文件。

(5) 单击"插入"按钮旁边的黑色三角箭头，从下拉列表中选择"链接到文件"命令，如图 13-6 所示。

提示：被链接的视频文件应与演示文稿一起移动，才能保证链接不断开以便能够顺利播放。

3) 链接到网站上的视频文件

(1) 切换到普通视图，在幻灯片/大纲浏览窗格的"幻灯片"选项卡中选择幻灯片。

(2) 在浏览器中浏览包含链接视频的网站，在网站上找到该视频的 html 嵌入代码并进行复制。

(3) 返回 PowerPoint，在"插入"选项卡上的"媒体"组中，单击"视频"下方的黑色三角箭头，从下拉列表中选择来自"网站的视频"命令。

(4) 在如图 13-6 所示的"从网站插入视频"对话框中，粘贴嵌入代码，然后单击"插入"按钮，在幻灯片中双击可预览链接自网站的视频。

4) 为视频设置播放选项

在普通视图下，单击选中幻灯片上的视频剪辑，通过"视频工具|播放"选项卡中的各项工具可设置视频播放方式，其操作方法与设置音频播放选项的方法基本相同，其中：

(1) 在"视频选项"组中打开"开始"列表，指定视频在演示过程中以何种方式启动，可以自动播放视频也可以在单击时再播放视频。

(2) 在"视频选项"组中单击选中"全屏播放"复选框，可以在放映演示文稿时让播放中的视频填充整个幻灯片(屏幕)。

提示：如果将视频设置为全屏显示并自动启动，那么可以将视频帧从幻灯片上拖动到旁边的灰色区域中，这样视频在全屏播放之前将不会显示在幻灯片上或出现短暂的闪烁。

(3) 在"视频选项"组中单击"音量"按钮，可以调节视频的音量。

(4) 先为视频指定媒体类动画效果"播放"，然后在"视频选项"组中单击选中"未播放时隐藏"复选框，这样放映演示文稿时可以先隐藏视频不播放，做好准备后再播放。

(5) 在"视频选项"组中单击选中"循环播放，直到停止"复选框，可在演示期间持续重复播放视频。

(6) 在"编辑"组中单击"剪辑视频"按钮，在对话框中通过拖动最左侧的绿色起点标记和最右侧的红色终点标记重新确定视频的起止位置，其操作方法与剪裁音频剪辑的方法基本相同。

3. 多媒体元素的压缩和优化

音频和视频等媒体文件通常来说比较大，嵌入到幻灯片中之后可能导致演示文稿过大，通过压缩媒体文件，可以提高播放性能并节省磁盘空间。

1) 压缩媒体大小

(1) 打开包含音频文件或视频文件的演示文稿。

(2) 在"文件"选项卡中选中"信息"命令，在右侧单击"压缩媒体"按钮，打开下拉列表。

(3) 在该下拉列表中单击某一媒体的质量选项，该质量选项决定了媒体所占空间的大小，系统开始对幻灯片的媒体按设定的质量级别进行压缩处理。

2) 优化媒体文件的兼容性

当希望与他人共享演示文稿，或者将其随身携带到另一个地方，或者打算使用其他计算机进行演示时，包含视频或音频文件等多媒体的 PowerPoint 演示文稿在放映时可能出现播放问题，通过优化媒体文件的兼容性可以解决这一问题，以保证幻灯片在新环境中也能正确播放。

(1) 打开演示文稿，在"文件"选项卡中单击"信息"命令。

(2) 如果在其他计算机上播放演示文稿中的媒体或者媒体插入格式可能会引发兼容性问题时，则右侧会出现"优化兼容性"选项。该选项提供可能存在的播放问题的解决方案摘要，还提供媒体在演示文稿中的出现次数列表。单击“优化兼容性”选项按钮或根据其提示信息进行优化。

13.2　设置动画效果

为演示文稿中的文本、图片、形状、表格、SmartArt 图形和其他对象添加动画效果可以使幻灯片中的这些对象按一定的规则和顺序运动起来，赋予它们进入、退出、大小或颜色变化甚至移动等视觉效果，既能突出重点，吸引观众的注意力，又使放映过程十分有趣。动画使用要适当，过多使用动画也会分散观众的注意力，不利于传达信息，设置动画应遵从适当、简化和创新的原则。

1. 为文本或对象添加动画

可以将动画效果应用于个别幻灯片上的文本或对象、幻灯片母版上的文本或对象，或者自定义幻灯片版式上的占位符。

1) 动画效果的类型

PowerPoint 提供了四种不同类型的动画效果。

(1) “进入”效果：设置对象从外部进入或出现幻灯片播放画面的方式。例如，可以使对象逐渐淡入焦点、从边缘飞入幻灯片或者跳入视图中等。

(2) “退出”效果：设置播放画面中对象路径移动的方式。例如，使对象飞出幻灯片、从视图中消失或者从幻灯片旋出等。

(3) “强调”效果：设置在播放画面中需要进行突出显示的对象，起强调作用。例如，使对象缩小或放大、更改颜色或沿着其中心旋转等。

(4) 动作路径：设置播放画面中对象路径移动的方式。例如，使对象上下移动、左右移动或者沿着星形、圆形图案移动。

对某一文本或对象，可以单独使用任何一种动画，也可以将多种效果组合在一起。例如，可以对一行文本应用“飞入”进入效果及“放大/缩小”强调效果，使它在从左侧飞入的同时逐渐放大。

2) 为文本或对象应用动画

(1) 选择幻灯片中需要添加动画的文本或对象。

(2) 在“动画”选项卡上的“动画”组中，单击动画样式列表右下角的“其他”按钮，打开可选动画列表，如图 13-7 所示。

(3) 从列表中单击选择所需的动画效果。如果没有在列表中找到合适的动画效果，可单击下方的“更多进入效果”、“更多退出效果”或“其他动作路径”命令，在随后打开的对话框中可查看更多效果。

(4) 在“动画”选项卡上的“预览”组中单击“预览”按钮，可测试动画效果。

提示：在将动画应用于对象或文本后，幻灯片上已制作成动画的对象会标上不可打印的编号标记，该标记显示在文本或对象旁边，用于表示动画播放顺序，单击编号标记可选择相应的动画。

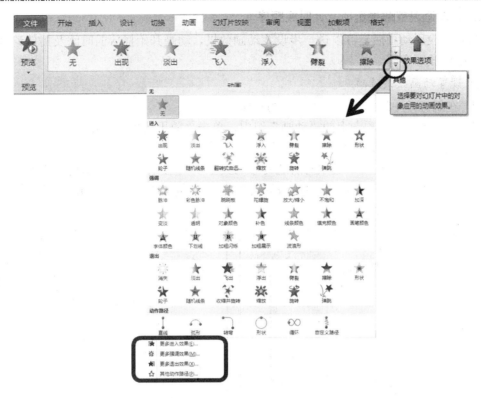

图 13-7　选择动画效果

3) 对单个对象应用多个动画效果

可以为同一对象应用多个动画效果，操作方法如下：

(1) 选择要添加多个动画效果的文本或对象。

(2) 通过"动画"选项卡上的"动画"组中的动画列表应用第一个动画。

(3) 在"动画"选项卡上的"高级动画"组中单击"添加动画"按钮，如图 13-8 所示。

(4) 从打开的下拉列表中选择要添加的动画效果。

图 13-8　添加多个动画

4) 利用动画刷复制动画设置

利用动画刷可以轻松、快速地将一个或多个动画从一个对象复制到另一个对象，操作方法如下：

(1) 在幻灯片中选中已应用了动画的文本或对象。

(2) 在"动画"选项卡上的"高级动画"组中单击"动画刷"按钮。

(3) 单击另一文本或对象，原动画设置即可复制到该对象。双击"动画刷"按钮，则可将同一动画设置复制到多个对象上。

5) 移除动画

(1) 单击包含要移除动画的文本或对象。

(2) 在"动画"选项卡上的"动画"组中，在动画列表中单击"无"。

2. 为动画设置效果选项、计时或顺序

为对象应用动画后，可以进一步设置动画效果、动画开始播放的时间及播放速度、调整动画的播放顺序等。

1) 设置动画效果选项

(1) 在幻灯片中选择已应用了动画的对象。

(2) 在"动画"选项卡上的"动画"组中，单击"效果选项"按钮。

(3) 从下拉列表中选择某一效果命令。

下拉列表中的可用效果选项与所选对象的类型以及应用于对象上的动画类型有关，不同的对象、不同的动画类型，其可用效果选项是不同的(如图 13-9 所示)，有的动画类型不能进一步设置效果选项。

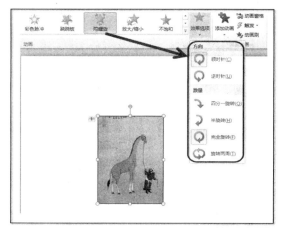
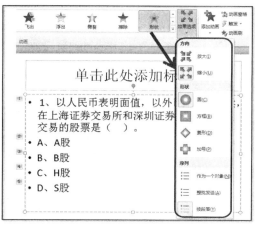

(a) 为图片应用"陀螺旋"强调动画后的效果选项　　(b) 为多行文本应用"形状"进入动画后的效果选项

图 13-9　为不同的动画效果设置效果选项

(4) 单击"动画"组右下角的"对话框启动器"按钮，将会根据所选效果弹出相应的效果设置对话框。不同的动画效果可能打开不同的对话框，如图 13-10 所示，在该对话框中，可进一步对效果选项进行设置，并可指定动画出现时所伴随的声音效果。

(a)　"陀螺旋"对话框　　　　　　(b)　"圆形扩展"对话框

图 13-10　进一步设置动画的效果选项

2) 为动画设置计时

在幻灯片中选择某一应用了动画的对象或对象的一部分之后，可以通过"动画"选项卡上的相应工具为该动画指定开始时间、持续时间或者延迟计时。

(1) 为动画设置开始计时：在"计时"组中单击"开始"菜单右侧的黑色三角箭头，从下拉列表中选择动画启动的方式。

(2) 设置动画将要运行的持续时间：在"计时"组中的"持续时间"框中输入持续的秒数。

(3) 设置动画开始前的延时：在"计时"组中的"延迟"框中输入延迟的秒数。

(4) 单击"动画"组右下角的"对话框启动器"按钮，在随后打开的对话框中单击"计时"选项卡，可进一步设置动画计时方式。

3) 调整动画顺序

当对一张幻灯片中的多个对象分别应用了动画效果时，默认情况下动画是按照设置的先后顺序进行播放的，可以根据需要改变动画播放的顺序。

(1) 在幻灯片中已应用了动画的文本或对象中，单击其旁边的动画编号标记。

(2) 在"动画"选项卡上的"计时"组中，选择"对动画重新排序"下的"向前移动"使当前动画前移一位；选择"向后移动"则使当前动画后移一位，如图 13-11 所示。

提示：在"动画窗格"中也可以调整动画顺序。

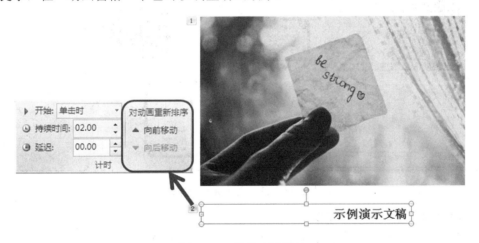

图 13-11　调整动画顺序

3. 自定义动作路径

当系统预设的动作路径不能满足动画的设计要求时，可以通过自定义路径来设计对象的动画路径。自定义动画的动作路径的方法如下：

(1) 在幻灯片中选择需要添加动画的对象。

(2) 在"动画"选项卡上的"动画"组中单击"其他"按钮，打开动画列表。

(3) 在"动作路径"类型下单击"自定义路径"选项，如图 13-12 所示。

(4) 将鼠标指向幻灯片上，当光标变为"+"时，按下左键拖动出一个路径，至终点时双击鼠标，动画将会按路径预览一次。

(5) 右键单击已经定义的动作路径，在弹出的快捷菜单中选择"编辑顶点"命令，路径中出现若干个黑色顶点，拖动顶点可移动其位置；在某一顶点上点击鼠标右键，在弹出的快捷菜单中选择相应命令可对路径上的顶点进行添加、删除、平滑等修改操作，如图 13-13 所示。

图 13-12　动画列表中的"自定义路径"选项

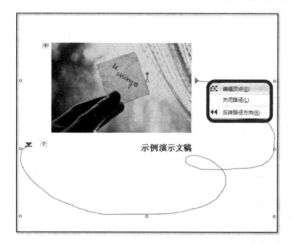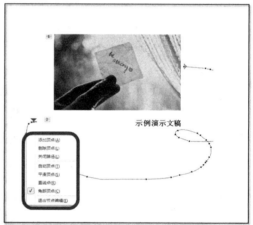

图 13-13　自定义动画的动作路径

4. 通过触发器控制动画播放

触发器是自行制作的、可以插入到幻灯片中的、带有特定功能的一类工具，用于控制幻灯片中已经设定的动画的执行。触发器可以是图片、文字、段落、文本框等，其作用相当于一个按钮，在演示文稿中设置好触发器功能后，单击触发器将会触发一个操作，该操作可以是播放多媒体音频、视频、动画等。

通过触发器控制动画播放的方法如下：

(1) 首先在幻灯片中制作一个作为触发器的对象，可以是一幅图片、一个文本框、一组艺术字、一个动作按钮等，一般图片不宜过大、文字不宜过多。

(2) 在"开始"选项卡上的"编辑"组中单击"选择"按钮，从下拉列表中选择"选择窗格"命令，在"选择和可见性"窗格中可以为触发器的对象重命名，如图 13-14(a) 所示。

(3) 为需要执行触发操作的对象应用一个动画效果，并选择该对象。

(4) 在"动画"选项卡上的"高级动画"组中单击"触发"按钮，从下拉列表中选择"单击"菜单下的触发器对象名称，如图 13-14(b)所示。

(5) 在幻灯片放映过程中，单击触发器即可演示相应对象的动画效果。

(a) 对幻灯片上的触发器对象重命名　　　　　　　(b) 为动画对象指定触发器

图 13-14　对幻灯片上的对象指定触发器

5. 动画窗格中的编辑操作

当在一张幻灯片中设置了多个动画效果后，可在"动画窗格"中查看当前幻灯片上所有动画的列表。"动画窗格"显示有关动画效果的重要信息，如效果的类型、多个动画效果之间的相对顺序、受影响对象的名称以及效果的持续时间。在"动画窗格"中可以对动画效果进行详细设置，包括调整动画的播放顺序、设置详细的效果选项和动画计时等，如图13-15 所示。

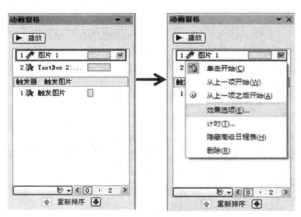

图 13-15　在动画窗格中编辑动画

(1) 选择设置了多个对象动画的幻灯片，在"动画"选项卡的"高级动画"组中单击"动画窗格"按钮，在幻灯片窗格的右侧出现"动画窗格"，动画窗格中依次显示当前幻灯片中设置了动画的对象名称及对应的动画顺序，将鼠标光标指向某对象名称将会显示其动画设置，单击"播放"按钮可预览动画效果。

(2) 如果某一动画对象包含多个分支，如多级文本，那么单击该对象下方的"展开"

图标按钮，可展开明细内容。

(3) 任务窗格中的编号表示动画效果的播放顺序。选择"动画窗格"中的某个对象名称，利用窗格下方"重新排序"中的上移或下移图标按钮，或直接拖动窗格中的对象名称，可以改变幻灯片中对象的动画播放顺序。

(4) 在"动画窗格"中，使用鼠标拖动时间条的边框可以改变对象动画放映的时间长短，拖动时间条改变其位置可以改变动画开始时的延迟时间。

(5) 选中"动画窗格"中的某个对象名称，单击其右侧的黑色三角箭头按钮打开编辑菜单，通过该菜单中的命令可对动画效果、计时等多项设置进行编辑。

6. 对 SmartArt 图形添加动画

SmartArt 图形是一类特殊的对象，它以分层次的图示方式展示信息，因为其中文本或图片分层显示，所以可以通过应用并设置动画效果来创建动态的 SmartArt 图形以达到进一步强调或分阶段显示各层次信息的目的。

可以将整个 SmartArt 图形制成动画，或者只将 SmartArt 图形中的个别形状制成动画。例如，可以创建一个按级别飞入的组织结构图。不同的 SmartArt 图形布局，可以应用的动画效果也可能不同。当切换 SmartArt 图形布局时，已添加的任何动画将会传送到新布局中。

1) 对 SmartArt 图形添加动画并设置效果选项

为 SmartArt 图形添加动画与为文本或其他对象添加动画的方法相同，但是由于 SmartArt 图形的特殊结构，其效果选项有特殊的设置方式。

(1) 单击选中要应用动画的 SmartArt 图形。

(2) 在"动画"选项卡上的"动画"组中单击"其他"按钮，然后从列表中选择某一种动画。

(3) 在"动画"选项卡上的"高级动画"组中，单击打开"动画窗格"。

(4) 在"动画窗格"列表中，单击 SmartArt 图形动画右侧的三角箭头，从下拉菜单中选择"效果选项"命令，打开"图形扩展"对话框。

(5) 单击对话框中的"SmartArt 动画"选项卡，在"组合图形"下拉列表中设置图形的动画播放选项。不同类型的 SmartArt 图形可以设置的动画效果选项可能不同，如图 13-16 所示。其中：

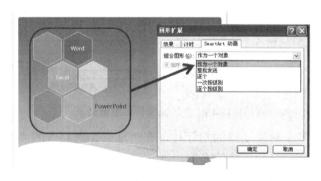

图 13-16　"图形扩展"对话框

- 作为一个对象：将整个 SmartArt 图形当作一个大图片或对象来应用动画。
- 整批发送：同时将 SmartArt 图形中的全部形状制成动画。当动画中的形状旋转或增长时，该动画与"作为一个对象"的不同之处会很明显。使用"整批发送"时，每个形状单独旋转或增长。使用"作为一个对象"时，整个 SmartArt 图形旋转或增长。

- 逐个：一个接一个地将每个形状单独制成动画并一个接一个地播放。
- 逐个按分支：同时将相同分支中的全部形状制成动画。该动画适用于组织结构图或层次结构布局的分支，与"逐个"相似。放映时，先播放一个分支中的每个图形，再接着播放下一个分支中的每个图形。
- 一次按级别：同时将相同级别的全部形状制成动画。放映时，依次播放每个级别，同一个级别中的图形同时播放。如果有一个布局，其中三个形状包含 1 级文本，三个形状包含 2 级文本，则首先将包含 1 级文本的三个形状一起制成动画并播放，然后再将包含 2 级文本的三个形状一起制成动画并播放。
- 逐个按级别：首先按照级别将 SmartArt 图形中的形状制成动画，然后再在级别内单个地进行动画制作。放映时，先逐个播放同一级别中的图形，再逐个播放下一级别中的图形。例如，如果有一个布局，其中四个形状包含 1 级文本，三个形状包含 2 级文本，则首先将包含 1 级文本的四个形状单独制成动画并依次播放，然后再将包含 2 级文本的三个形状中的每个形状单独制成动画并依次播放。

2) 将 SmartArt 图形中的个别形状制成动画

当为 SmartArt 图形应用动画时，一般情况下，SmartArt 图形中的所有形状均会被设置为相同的动画效果，也可以单独为其中的个别形状指定不同的动画。

(1) 选中 SmartArt 图形，为其应用某个动画。

(2) 在"动画"选项卡上的"动画"组中单击"效果选项"，然后选择"逐个"命令。

(3) 在"动画"选项卡上的"高级动画"组中，单击打开"动画窗格"。

(4) 在"动画窗格"列表中，单击"展开"图标按钮 将 SmartArt 图形中的所有形状显示出来。

(5) 在"动画窗格"列表中单击选择某一形状，在"动画"选项卡上的"动画"组中为其应用另一种动画效果。

提示：有些动画无法应用于 SmartArt 图形中的个别形状，此时这些效果将显示为灰色。如果要使用无法用于 SmartArt 图形的动画效果，可右键单击 SmartArt 图形，从快捷菜单中单击"转换为形状"，然后将形状制成动画。

3) 颠倒 SmartArt 动画的顺序

(1) 单击包含要颠倒顺序动画的 SmartArt 图形。

(2) 在"动画"选项卡上的"高级动画"组中，单击打开"动画窗格"。

(3) 右键单击"动画窗格"列表中的动画对象，从列表中选择"效果选项"命令。

(4) 单击"SmartArt 动画"选项卡，选中"倒序"复选框。

13.3　设置幻灯片切换效果

幻灯片的切换效果是指演示文稿放映时幻灯片进入和离开播放画面时的整个视觉效果。PowerPoint 提供多种切换样式，设置恰当的切换效果可以使幻灯片的过渡衔接更为自然，提高演示的吸引力。用户可以控制切换效果的速度、添加声音，还可以自定义切换效果的属性。

1. 向幻灯片添加切换方式

(1) 选择要添加切换效果的一张或多张幻灯片。如果选择节名，则可同时为该节的所有幻灯片添加切换效果。

(2) 在"切换"选项卡上的"切换到此幻灯片"组中单击"切换方式"按钮，打开切换方式列表，从中选择一种切换效果，如图 13-17 所示。

(3) 如果希望全部幻灯片均采用该切换方式，可单击"计时"组中的"全部应用"按钮。

(4) 在"切换"选项卡上的"预览"组中单击"预览"按钮，可预览当前幻灯片的切换效果。

图 13-17　选择切换方式

2. 设置幻灯片的切换属性

幻灯片切换属性包括效果选项、换片方式、持续时间和声音效果，例如可设置"自左侧"效果，"单击鼠标时"换片、"打字机"声音等。

(1) 选择已添加了切换效果的幻灯片。

(2) 在"切换"选项卡上的"切换到此幻灯片"组中单击"效果选项"按钮，在打开的下拉列表中选择一种切换属性。不同的切换效果类型可以有不同的切换属性，如图 13-18 所示。

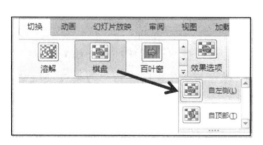

图 13-18　为切换效果设置属性

(3) 在"切换"选项卡上"计时"组的右侧可设置换片方式。其中，"设置自动换片时间"表示经过该时间段后自动切换到下一张幻灯片。

(4) 在"切换"选项卡上"计时"组的左侧可设置切换时伴随的声音。单击"声音"框右侧的黑色三角箭头，在弹出的下拉列表中选择一种切换声音；在"持续时间"框中可设置当前幻灯片切换效果的持续时间。

13.4　幻灯片的链接跳转

幻灯片放映时放映者可以通过使用超链接和动作按钮来增加演示文稿的交互效果。超链接和动作按钮可以从本幻灯片上跳转到其他幻灯片、文件、外部程序或网页上，起到放映过程的导航作用。

1．创建超链接

可以为幻灯片中的文本或图片、图形、形状、艺术字等对象创建超链接。

(1) 在幻灯片中选择要建立超链接的文本或对象。

(2) 在"插入"选项卡上的"链接"组中单击"超链接"按钮，打开"插入超链接"对话框。

(3) 在左侧的"链接到"下方选择链接类型，在右侧指定链接的文件、幻灯片或电子邮件地址等。

(4) 单击"确定"按钮，指定的文本或对象上就添加了超链接，在放映时单击该链接即可实现跳转，如图 13-19 所示。

(5) 若要改变超链接设置，可右键单击设置了超链接的对象，在弹出的快捷菜单中选择"编辑超链接"进行重新设置；单击"取消超链接"则可删除已创建的超链接。

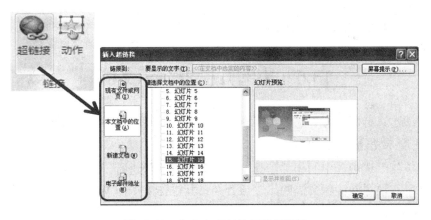

图 13-19　为文本或对象创建超链接

2．设置动作

可以将演示文稿中的内置按钮设置形状作为动作按钮添加到幻灯片，并为其分配单击鼠标或鼠标移过动作按钮时完成幻灯片跳转、运行特定程序、插入音频和视频等操作。

1) 添加动作按钮并分配动作

(1) 在"插入"选项卡上的"插图"组中单击"形状"按钮，然后在"动作按钮"下单击要添加的按钮形状。

（2）在幻灯片上的某个位置单击，并通过拖动鼠标绘制出按钮形状。

（3）当放开鼠标时，弹出"动作设置"对话框，在该对话框中设置单击鼠标或鼠标移过该按钮形状时将要触发的操作，如图 13-20 所示。

（4）要播放声音，应选中"播放声音"复选框，然后选择要播放的声音。

（5）单击"确定"按钮完成设置。

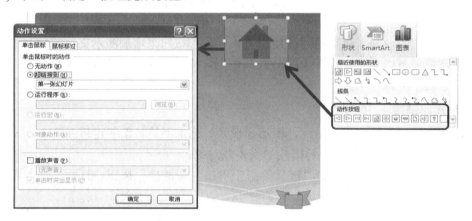

图 13-20　添加动作按钮并分配动作

2）为图片或其他对象分配动作

（1）选择幻灯片中的文本、图片或者其他对象。

（2）在"插入"选项卡上的"链接"组中单击"动作"按钮，打开"动作设置"对话框。

（3）在对话框中分配动作、设置声音。

（4）单击"确定"按钮完成设置。

13.5　审阅并检查演示文稿

通过对演示文稿的审阅和检查，可以确保演示文稿在放映或传递之前将失误降至最低。

1. 审阅演示文稿

通过"审阅"选项卡中的相关工具，可以对演示文稿进行拼写与语法检查、添加和编辑批注，并可实现不同演示文稿的比较与合并，其操作方法与 Word 中类似功能基本相同。

2. 检查演示文稿

在共享、传递演示文稿之前，通过检查功能可以找出演示文稿中的兼容性问题、隐藏属性以及一些个人信息，有时需要将其中的个人隐私删除。

（1）单击"文件"选项卡，选择"信息"命令。

（2）单击"检查问题"按钮，打开下拉列表，从中选择需要检查的项目。

（3）单击其中的"检查文档"命令，打开"文档检查器"对话框，从中勾选需要检查的内容，单击"检查"按钮，将会对演示文稿中隐藏的属性及个人信息进行检查并列示。单击检查结果右侧的"全部删除"按钮，可删除相关信息。

第 14 章　放映与共享演示文稿

设计和制作完成后的演示文稿需要面向观众或听众进行放映演示才能达到最终的目的。根据使用场合的不同，PowerPoint 提供幻灯片放映设置功能；为了方便与他人共享信息，还可以将演示文稿打包输出、转换为其他格式输出并可进行打印等操作。

14.1　放映演示文稿

幻灯片放映视图会占据整个计算机屏幕，放映过程中可以看到图片、计时、电影、动画效果和切换效果在实际演示中的具体效果。

演示文稿制作完成后，可通过下述方法进入幻灯片放映视图观看幻灯片演示效果：

(1) 按 F5 键。

(2) 单击"视图按钮"区的"幻灯片放映"图标。

(3) 在"幻灯片放映"选项卡上的"开始放映幻灯片"组中，单击"从头开始"或者"从当前幻灯片开始"按钮。

按 Esc 键，可退出幻灯片放映视图。

1. 幻灯片放映控制

幻灯片可以通过不同的放映方式进行播映，还可以在放映过程中添加标记。

1) 隐藏幻灯片

选择需要隐藏的幻灯片，在"幻灯片放映"选项卡上的"设置"组中单击"隐藏幻灯片"按钮，被隐藏的幻灯片在全屏放映时将不会被显示。

2) 设置放映方式

(1) 打开需要放映的演示文稿，在"幻灯片放映"选项卡上的"设置"组中单击"设置幻灯片放映"按钮，打开"设置放映方式"对话框，如图 14-1 所示。

(2) 在"放映类型"选项组中，选择恰当的放映方式。

• 演讲者放映(全屏幕)：演讲者放映是全屏幕放映，这种放映方式适合会议或教学场合，放映过程完全由演讲者控制。

• 观众自行浏览(窗口)：若展览会上允许观众交互式控制放映过程，则适合采用这种方式。它允许观众利用窗口命令控制放映进程，观众可以利用窗口右下方的左、右箭头，分别切换到前一张幻灯片和后一张幻灯片(或按 PageUp 和 PageDown 键)，利用两箭头之间的"菜单"命令，将弹出放映控制菜单，利用菜单的"定位至幻灯片"命令，可以方便快速地切换到指定的幻灯片，按 Esc 键可以终止放映。

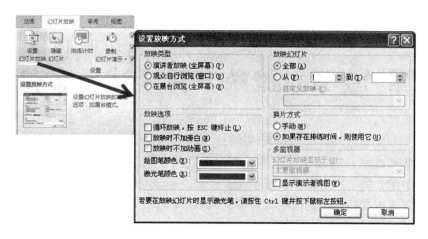

图 14-1　"设置放映方式"对话框

• 在展台浏览(全屏幕)：这种放映方式采用全屏幕放映，适用展示产品的橱窗和展览会上自动播放产品信息的展台。可手动播放，也可采用事先排练好的演示时间自动循环播放，此时，观众只能观看不能控制。

(3) 在"放映幻灯片"中，可以确定幻灯片的放映范围，可以是全部幻灯片，也可以是部分幻灯片。放映部分幻灯片时，需要指定幻灯片的开始序号和终止序号。

(4) 在"换片方式"选项组中，可以选择控制放映时幻灯片的换片方式。"演讲者放映(全屏幕)"和"观众自行浏览(窗口)"放映方式通常采用"手动"换片方式；而"在展台浏览(全屏幕)"方式通常进行事先排练，可选择"如果存在排练时间，则使用它"换片方式，令其自行播放。

(5) 在"放映选项"选项组中，可以对放映过程中的某些选项进行设置，如是否放映旁白和动画、放映时标记笔的颜色设置等。

3) 放映过程控制

(1) 按 F5 键进入全屏幕放映视图。

(2) 幻灯片中单击右键，在弹出的快捷菜单中对放映过程进行控制，如图 14-2 所示。

• 选择"定位至幻灯片"命令，在下级菜单中可以跳转到指定幻灯片。

• 选择"指针选项"命令，在下级菜单中可以将指针转换为笔进行演示标注。

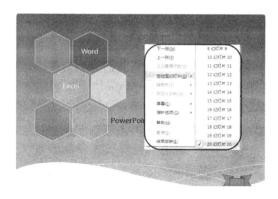 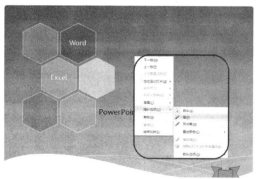

图 14-2　在放映过程中进行各项演示控制

2. 应用排练计时

为了更加准确地估计演示时长，可以事先对放映过程进行排练并记录排练时间。

(1) 打开需要排练计时的演示文稿，在"幻灯片放映"选项卡上的"设置"组中单击"排练计时"按钮，幻灯片进入放映状态，同时弹出"录制"工具栏，显示当前幻灯片的放映时间和当前总的放映时间。

(2) 单击"录制"中的"下一项"按钮，可继续放映当前幻灯片中的下一个对象或进入下一张幻灯片。当放映一张新的幻灯片时，幻灯片放映时间会重新计时，总放映时间累加计时，其间可以通过单击"暂停录制"按钮中止播放，如图 14-3 所示。

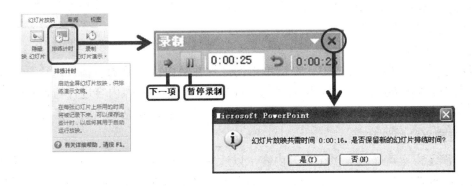

图 14-3　"录制"工具栏

(3) 幻灯片放映排练结束时或者中途单击"关闭"按钮，弹出是否保存排练时间对话框，如果选择"是"，则在幻灯片浏览视图下，在每张幻灯片的左下角显示该张幻灯片的放映时间。

提示：如果将记录了排练计时的演示文稿的幻灯片放映类型设置为"在展台浏览(全屏幕)"，幻灯片将按照排练时间自行播放。

(4) 切换到幻灯片浏览视图下，单击选中某张幻灯片，在"切换"选项卡上"计时"组中的"设置自动换片时间"编辑框中，可以修改当前张幻灯片的放映时间，如图 14-4 所示。

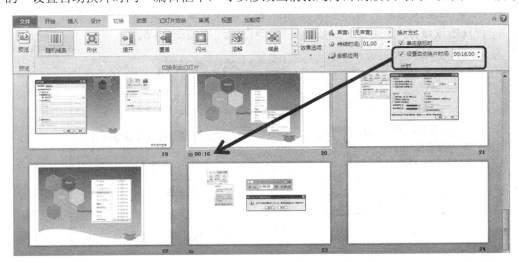

图 14-4　修改幻灯片的播放时间

3. 录制语音旁白和鼠标轨迹

在将演示文稿转换为视频或传递给他人共享前，可以对演示过程进行录制并加入解说旁白，这时可以对幻灯片演示进行录制。

(1) 打开演示文稿，在"幻灯片放映"选项卡上的"设置"组中，单击"录制幻灯片演示"按钮。

(2) 在打开的下拉列表中选择录制方式，打开"录制幻灯片演示"对话框，在该对话框中设定想要录制的内容，如图 14-5 所示。

(3) 单击"开始录制"按钮，进入幻灯片放映视图。

图 14-5　录制幻灯片演示过程及旁白

(4) 边播放边朗读旁白内容；右键单击幻灯片并从快捷菜单的"指针选项"中设置标注笔的类型和墨迹颜色等，然后可以在幻灯片中拖动鼠标对重点内容进行勾画标注。

提示：若要录制和播放旁白，必须为计算机配备声卡、麦克风和扬声器等设备。

4. 自定义放映方案

一份演示方案可能包含多个主题内容，以适应在不同的场合、面对不同类型的观众播放，这就需要在放映前对幻灯片进行重新组织归类。PowerPoint 提供的自定义放映功能，可以在不改变演示文稿内容的前提下，只对放映内容进行重新组合，以适应不同的演示需求。

(1) 打开演示文稿，在"幻灯片放映"选项卡上的"开始放映幻灯片"组中，单击"自定义幻灯片放映"左侧三角箭头的"自定义放映"按钮，打开"自定义放映"对话框。

(2) 单击"新建"按钮，打开"定义自定义放映"对话框。

(3) 在"幻灯片放映名称"文本框中输入方案名；在左侧的幻灯片列表中选择需要包含的幻灯片，单击中间的"添加"按钮。

(4) 单击"确定"按钮，返回"自定义放映"对话框。

(5) 重复步骤(2)~(4)，可新建其他放映方案。

(6) 在"自定义放映"对话框中选择自定义放映方案，然后单击右下角的"放映"按钮，即可只播放该方案中包含的幻灯片。整个设置过程如图 14-6 所示。

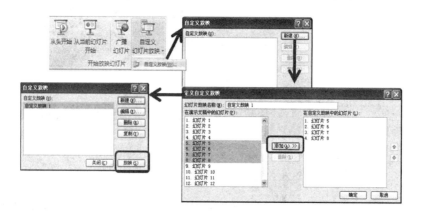

图 14-6　为演示文稿自定义放映方案

14.2　演示文稿的共享

制作完成的演示文稿可以直接在安装有 PowerPoint 应用程序的环境下演示，如果计算机上没有安装 PowerPoint，演示文稿文件则不能直接播放。为了解决演示文稿的共享问题，PowerPoint 提供了多种方案，可以将其发布或转换为其他格式的文件，也可以将演示文稿打包到文件夹或 CD，甚至可以把 PowerPoint 播放器和演示文稿一起打包。这样，即使没有安装 PowerPoint 程序的计算机上也能放映演示文稿。

1. 发布为视频文件

在 PowerPoint 2010 中，可以将演示文稿转化为 Windows Media 视频(.wmv)文件，这样可以保证演示文稿中的动画、旁白和多媒体内容在分发给他人共享时能够顺畅播放。观看者无须在其计算机上安装 PowerPoint 也可观看该视频。

(1) 首先创建并保存演示文稿。

(2) 在创建演示文稿的视频版本前，可以先行录制语音旁白和鼠标运动轨迹并对其进行计时，以丰富视频的播放效果。

(3) 在"文件"选项卡上选择"保存并发送"命令。

(4) 在"文件类型"列表中单击"创建视频"命令。

(5) 在"计算机和 HD 显示"下拉列表中设置视频的质量和大小选项。

· 若要创建质量很高的视频(文件会比较大)，单击"计算机和 HD 显示"。

· 若要创建具有中等文件大小和中等质量的视频，单击"Internet 和 DVD"。

· 若要创建文件最小的视频(质量低)，单击"便携式设备"。

(6) 确定是否使用已录制的计时和旁白。如果不使用，则可设置每张幻灯片的放映时间，默认设置为 5 秒。

(7) 在右侧单击"创建视频"按钮，打开"另存为"对话框。

(8) 输入文件名、确定保存位置后，单击"保存"按钮，开始创建视频。

(9) 若要播放新创建的视频，可打开相应的文件夹，然后双击该视频文件。

提示：创建视频过程中，可以通过查看屏幕底部的状态栏来跟踪视频创建过程。创建视频所需时间的长短取决于演示文稿的复制程度，有可能需要几个小时甚至更长的时间。

2. 转换为直接放映格式

将演示文稿转换成直接放映格式，就可以在没有安装 PowerPoint 程序的计算机上直接放映。

(1) 打开演示文稿，在"文件"选项卡上选择"另存为"命令。

(2) 在"另存为"对话框中，将"文件类型"设置为"PowerPoint 放映(*-ppsx)"。

(3) 选择存放路径、输入文件名后单击"保存"按钮，双击放映格式(*-ppsx)文件即可放映该演示文稿。

3. 打包为 CD 并运行

演示文稿可以打包到磁盘的文件夹或 CD 光盘上，前提是需要配备有刻录机和空白 CD

光盘。

　　1) 将演示文稿打包为 CD

　　(1) 打开要打包的演示文稿，在"文件"选项上选择"保存并发送"命令。

　　(2) 在"文件类型"列表中双击"将演示文稿打包成 CD"命令，打开"打包成 CD"对话框。

　　(3) 单击"添加"按钮，可在对话框中选择增加新的打包文件。

　　(4) 默认情况下，打包内容包含与演示文稿相关的链接文件和嵌入的 TrueType 字体。若想改变这些设置，可单击"选项"按钮，在随后弹出的"选项"对话框中进行设置。

　　(5) 按照个人需求确定打包目标：

　　· 单击"复制到文件夹"按钮，可将演示文稿打包到指定的文件夹中。

　　· 单击"复制到 CD"按钮，在可能出现的提示对话框中单击"是"，则将演示文稿打包并刻录到事先放好的 CD。

　　2) 运行打包的演示文稿

　　演示文稿打包后，就可以在没有安装 PowerPoint 程序的环境下放映演示文稿。

　　(1) 打开包含打包文件的文件夹。

　　(2) 在链接到互联网的情况下，双击该文件夹中的网页文件 Presentation Package-html。

　　(3) 在打开的网页上单击"Download Viewer"按钮，下载 PowerPoint 播放器 PowerPointViewer-exe 并安装。

　　(4) 启动 PowerPoint 播放器，出现"Microsoft PowerPoint Viewer"对话框，定位到打包文件夹，选择演示文稿文件并单击"打开"，即可放映该演示文稿。

　　提示：打包到 CD 的演示文稿文件，可在读取光盘后自动播放。

14.3　创建并打印演示文稿

　　演示文稿制作完成后，可以以每一张的方式打印幻灯片，也可以以每页打印多张幻灯片的方式打印演示文稿，还可以创建并打印备注。打印的幻灯片可以分发给观众在演示过程中参考，也可以作为备份文件留作以后使用。

　　1. 设置打印选项并打印幻灯片

　　(1) 单击"文件"选项卡。

　　(2) 单击"打印"命令，设置打印幻灯片的范围、版式及颜色。

　　· 打开"打印版式"列表，可以设定打印时每页上打印的幻灯片数目及排列方式。

　　· 打开"颜色"列表，可以设置打印色彩。如果未配备彩色打印机，则应选择"灰度"或"纯黑白"选项。

　　(3) 设置完毕，单击"打印"按钮进行打印。

　　2. 创建并打印备注页

　　备注页用于为幻灯片添加注释、提示信息，可以在构建演示文稿时创建备注页。

　　1) 创建备注页

　　在普通视图中的"备注"窗格中可以编写关于幻灯片的文本备注，并为文本设置格式。

在"视图"选项卡上的"演示文稿视图"组中，单击"备注页"切换到备注页视图。在备注页视图中，每个备注页均会显示幻灯片缩览图以及相关的备注内容。在该视图中，可以输入、编辑备注内容，查看备注页的打印样式和文本格式的全部效果，可以检查并更改备注的页眉和页脚，还可以用图表、图片、表格等对象来丰富备注内容。

在"视图"选项卡上的"母版视图"组中单击"备注母版"按钮，在备注母版视图下可以对备注页进行统一的整体设计和修改。

2) 打印备注页

可以将包含幻灯片缩览图的备注页内容打印出来分发给观众，但只能在一个打印页面上打印一张包含备注的幻灯片缩览图。

(1) 打开包含备注内容的演示文稿。

(2) 单击"文件"选项卡，选择"打印"命令。

(3) 在"设置"选项组中单击"整页幻灯片"选项，在打开的"打印版式"列表中单击"备注页"图标。

(4) 进行其他打印设置，如打印方向、颜色等。

(5) 单击"打印"按钮。

3. 将 PowerPoint 文稿发至 Word 并打印

(1) 打开需要发送到 Word 的演示文稿。

(2) 在 PowerPoint 中，依次选择"文件"选项卡→"选项"→"快速访问工具栏"→"不在功能区中的命令"→"使用 Microsoft Word 创建讲义"命令→"添加"按钮，相应命令即显示在"快速访问工具栏"中。

(3) 单击"快速访问工具栏"中新增加的"使用 Microsoft Word 创建讲义"按钮，打开一个选择版式对话框。

(4) 在该对话框中选定合适的讲义版式后，单击"确定"按钮，幻灯片即按固定版式从 PowerPoint 发送至 Word 文档中。

(5) 在 Word 中，从"文件"选项卡中选择"打印"命令，进行设置后打印输出。